中国电子教育学会高教分会推荐
普通高等教育新工科电子信息类课改规划教材

单片机原理与应用实践教学教程

程志强　戴曰章　王文成　编著

李　健　侯崇升　主审

西安电子科技大学出版社

内 容 简 介

本书含有认知型实验两个，验证型实验七个，设计型实验两个，工程应用型实验两个，创新型实验一个，课程设计题目六个。通过这些实验的学习与实践，可以激发学生的学习兴趣，帮助学生了解和掌握单片机的相关知识、单片机应用系统设计与制作、单片机产品开发的流程与设计方法，最终达到基于单片机控制相关产品的系统开发、调试、测试的目的，为适应经济现代化、社会信息化的时代需求，为培养学生工程实践能力、创新意识与团队合作能力打下坚实的基础。

本书可作为自动化、电子信息工程、测控技术与仪器、计算机科学与技术、电子科学与技术、通信工程、物联网技术、机械设备及自动化等专业的实验、课程设计、综合专业课实训、毕业设计、创新课程设计、学科竞赛培训等实践教学环节的教材，也可作为从事单片机项目开发与应用的工程技术人员的参考书。

图书在版编目(CIP)数据

单片机原理与应用实践教学教程 / 程志强，　戴曰章，　王文成编著. —西安：西安电子科技大学出版社，2020.6

ISBN 978−7−5606−5662−5

Ⅰ. ① 单… 　Ⅱ. ① 程… 　② 戴… 　③ 王… 　Ⅲ. ① 单片微型计算机—教材 　Ⅳ. ① TP368.1

中国版本图书馆 CIP 数据核字(2020)第 076501 号

策划编辑　刘小莉
责任编辑　刘小莉　雷鸿俊
出版发行　西安电子科技大学出版社(西安市太白南路 2 号)
电　　话　(029)88242885　88201467　　　邮　　编　710071
网　　址　www.xduph.com　　　　　　电子邮箱　xdupfxb001@163.com
经　　销　新华书店
印刷单位　陕西天意印务有限责任公司
版　　次　2020 年 6 月第 1 版　　2020 年 6 月第 1 次印刷
开　　本　787 毫米×1092 毫米　1/16　印　张　12
字　　数　180 千字
印　　数　1～3000 册
定　　价　38.00 元

ISBN 978−7−5606−5662−5 / TP

XDUP 5964001-1

如有印装问题可调换

前　言

世界范围内新一轮的科技革命和产业革命以及新经济的发展使高等工程教育的改革和发展面临着诸多挑战。"新工科"建设正是高等工程教育为适应新经济以及新产业的发展而做出的战略决策。当前我国经济发展进入了结构调整和转型升级的攻坚期，建设与发展"新工科"成为当前社会产业升级与发展的必然要求。

实践教学是高校工程教育的关键环节，因此需要根据学生的特点，通过实践引导方式进行创新，为学生提供包括成长引导、知识引导、实验引导和创新引导在内的综合化引导。这种实践教学设计为学生提供一种体验式、项目式的学习方式，能够培养学生自主学习、合作学习、交流沟通、设计创新、动手实践等多方面的能力，为学生从事相应工作打下坚实基础。改革工程教育对于推进我国经济社会发展和高校转型具有重大意义。

在新的人才培养观下，需要对实践教学进行升级改造。仅仅实现知识引导是远远不够的，更需要综合考虑学生的成长需求，以及实践能力、创新能力的培养，帮助学生逐步建构起新的能力体系，通过认知型实验、验证型实验，循序渐进地过渡到设计型实验、工程应用型实验、创新型实验、课程设计，培养学生理论联系实际的能力、工程实践能力和创新实践能力，树立团队协作意识，为今后深入学习专业知识和技能打下坚实的基础。

单片机原理与应用是一门技术性、实践性与工程性很强的综合课程，不仅需要学生具备模拟电子技术基础、数字电子技术基础、C 语言程序设计等基础理论知识，还要求学生具备良好的硬件设计和软件编程能力。课程的任务是使学生在获得单片机应用系统设计的基本理论、基本知识与基本技能的同时，掌握单片机应用系统的设计与调试方法，为后续课程的学习打下坚实的基础。

在学习过程中，通过实践教学，可以激发学生的学习兴趣，加深学生对理论知识的理解，培养学生的工程实践能力。实践教学要求学生通过若干实验项目的操作练习，加深对 MCS-51 单片机原理及接口技术的理解，掌握 MCS-51 的基础知识及其相关应用技术。学生在认真学习单片机原理与应用理论知识的基础上，应根据教材提供的实验案例，提前做好实验预习，明确实验目的及相关要求、实验任务、实验原理、实验步骤；认真观察实验现象，记录实验数据，分析实验结果；完成实验后要做好实验总结，撰写实验报告。

编写本书的主要宗旨是：

(1) 构建以认知型实验、验证型实验为基础，通过设计型实验、工程应用型实验、创新型实验、课程设计加以提高的实践教学体系，提高学生解决复杂问题的能力。

(2) 将孤立的课程实验与新一代信息技术等相融合，拓宽了课程的外延，体现了面向"新工科"进行课程建设的内涵，提高学生对新技术应用的认知及工程实践能力。

(3) 培养学生良好的自主学习能力。自学能力是面向复杂工程问题进行创新的前提和基础。从大学开始提供与之相关的创新实践教育，可以帮助学生逐步建构起专业方面的自主学习能力。另外，专业学习进入正式内容之前，概述其核心思想、结构、主要方法、来龙去脉，以及专业的社会功能和意义，也可以引发学生的学习兴趣和创新意识。

在编写时重点考虑了如下问题：

(1) 根据实际需求，选作给出的实践教学案例。

(2) 实践案例既能满足日常课程教学，又能满足专业综合实训等教学环节。

(3) 实践案例选择与时俱进，顺应当前市场通用技术及主流产品。

(4) 教材立足于企业实际研发过程，遵循 ISO9001 质量管理体系推进；既能让学生的综合技能得到锻炼，又能让学生提前参与到企业产品研发的过程中。

(5) 涵盖不同的技能和知识点，知识覆盖面广，适用于创客及"双创"教育。

(6) 适合于项目型教学，多人协同，分工协作。

(7) 为了和本书基于 Proteus 仿真软件的仿真结果一致，书中的部分变量和器件未采用国标。

本书适用于自动化、电子信息技术、测控技术与仪器、计算机科学与技术、通信工程、物联网技术、电子科学与技术、机械设备自动化等专业的基础实验教学、课程设计、专业课综合实训、毕业设计、创新课程设计、学科竞赛培训等实践教学环节，所选课题结合基础教学设备，可以形成课堂内外教学的有益补充。全书所列实践教学案例均有推荐学时，教师可根据专业实际情况，有选择地对各课题内容进行重点讲授和指导学生实践演练。

本书由潍坊学院信息与控制工程学院程志强、戴曰章、王文成编著，潍坊学院李健教授、侯崇升教授担任主审。在编写过程中，编者参考了国内外部分与单片机技术与应用相关的文献资料，在此一并对相关作者表示感谢。在本书编写过程中，得到了潍坊学院、山东大学威海分校、青岛大学、齐鲁工业大学、潍坊科技学院等单位的大力支持，潍坊学院杜德老师、邹华老师，学生黄昭、孙兆琳、王成业参与了部分章节的材料整理及系统测试等工作，在此表示衷心感谢！

由于时间紧迫和编者的水平所限，书中难免存在错误和疏漏之处，敬请读者批评指正，并与作者本人联系（邮箱：wfuczq@163.com）。

编　者

2020 年 2 月于潍坊学院

目　　录

第 1 章 认知型实验

1.1 实验简介

1.1.1 教学目标

(1) 掌握单片机 Keil C51 高级语言集成开发环境；

(2) 熟悉单片机系统仿真软件 Proteus 的使用方法。

1.1.2 教学内容

认知型实验项目及计划学时安排如表 1-1 所示。

表 1-1 认知型实验项目及计划学时

序号	实 验 项 目	计划学时
实验一	Keil C51 编程软件使用练习	2
实验二	Proteus 仿真软件使用练习	2

1.1.3 实验考核与评价

认知型实验考核与评价标准见附录 5。

1.2 实验一 Keil C 编程软件使用练习

1.2.1 实验目的

(1) 学习与掌握 MCS-51 C 语言程序的书写格式和语法规则；

(2) 学习与掌握 Keil C51 软件的使用方法；

（3）掌握在 Keil C51 开发平台上建立、编译、链接、调试及运行 C 语言程序的方法和步骤。

1.2.2 实验要求

（1）熟练掌握在 Keil C51 平台上开发单片机应用程序的一般步骤；

（2）学习 Keil C51 项目窗口、调试窗口和存储器窗口等常用平台的使用。

1.2.3 实验内容与步骤

1. 创建 Keil μVision2 IDE 的一个应用的操作步骤

创建 Keil μVision2 IDE 的一个应用的操作步骤，如图 1.1 所示。

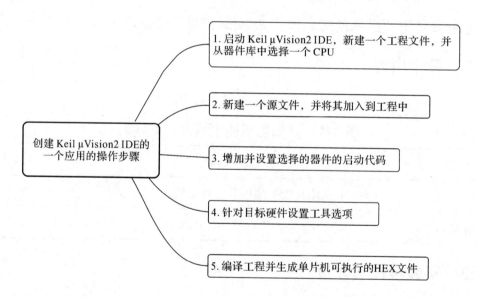

图 1.1 创建 Keil μVision2 IDE 的一个应用的操作步骤

2. Keil 软件开发流程

1）工程文件的建立

（1）点击微机桌面上图标"▦"，进入 Keil μVision2 IDE 集成开发环境，出现"Keil μVision2"操作界面，如图 1.2 所示。

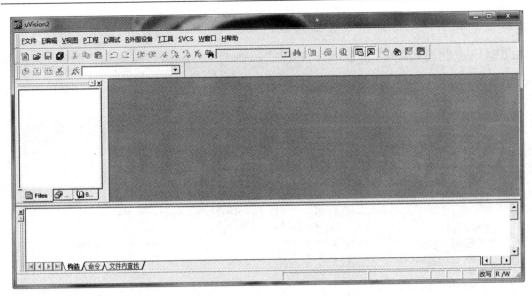

图 1.2　Keil μVision2 操作界面

(2) 创建一个新工程。点击图 1.2 界面菜单中的"P 工程"(Project)，选择"N 新建工程"(New Project)。为了方便管理，通常将一个新创建的工程放在一个独立的文件夹下，例如在 E 盘下建立名称为"流水灯"的文件夹。工程名称可自己定义，工程名称取名应以"见其名而知其意"为原则，尽量能表达出实验的功能。自定义文件夹界面如图 1.3 所示。

图 1.3　自定义文件夹界面

(3) 点击图 1.3 界面"保存"按钮后弹出 CPU 选择窗。选择目标 CPU 型号界面，如图 1.4 所示。在左边窗口中首先选用 CPU 器件制造公司，然后再选 CPU 型号，假如选用的 CPU 型号是 Atmel 公司生产的"89C51"，在右边窗口里会显示该芯片的基本参数描述，确认后点击"确定"按钮，则返回主界面窗口。此时已经新建了一个工程"流水灯"。新建"流水灯"工程界面如图 1.5 所示。

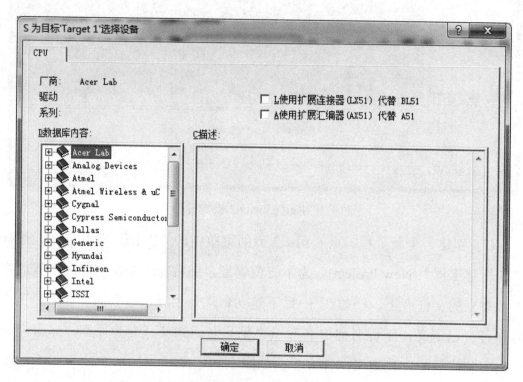

图 1.4 选择目标 CPU 型号界面

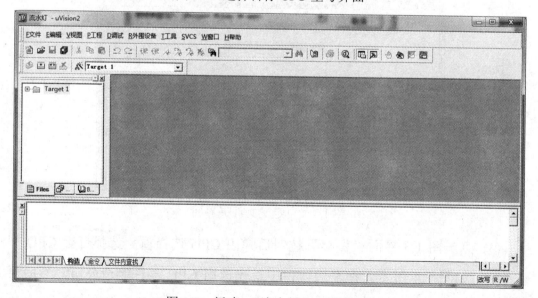

图 1.5 新建"流水灯"工程界面

2) 编写程序

(1) 单击 "F 文件" (File)菜单,在下拉菜单中单击 "新建" (New)选项。新建文件操作如图 1.6 所示。新建文件后的界面如图 1.7 所示。

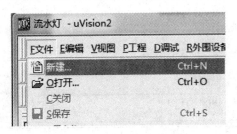

图 1.6 新建文件操作

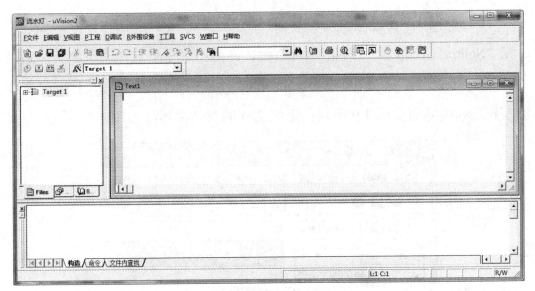

图 1.7 新建文件后的界面

说明:建议首先保存该空白的文件,之后再进行程序输入和编辑。这样在输入程序时,Keil C51 会自动识别关键字,并以不同的颜色提示用户加以注意,以减少错误,有利于提高编程效率。

(2) 单击菜单上的 "F 文件" (File),在下拉菜单中选中 "S 保存" (Save As)选项并单击,保存文件的界面如图 1.8 所示。在 "文件名" 栏右侧的编辑框中,键入欲使用的文件名,同时,必须键入正确的扩展名。

说明:如果采用 C 语言编写程序,则其扩展名为(.c);如果采用汇编语言编写程序,则其扩展名必须为(.asm);最后单击 "保存" 按钮。

图 1.8　保存文件的界面

(3) 返回图 1.7 新建文件后的界面，单击"Target 1"前面的"+"号，然后在"Source Group 1"上单击鼠标右键，在弹出菜单中选择"添加文件到组"Source Group 1"(Add file to group source group 1)，以加载源文件。将文件加入到工程的界面如图 1.9 所示；选中文件的对话框界面如图 1.10 所示。

图 1.9　文件加入到工程的界面

说明：如果加载的是汇编语言编写的源文件，那么文件类型选*.a*；如果加载的是 C 语言编写的源文件，文件类型选*.c*。这里选的源文件名是"流水灯.c"，最后点击"Add"按钮后关闭窗口返回。

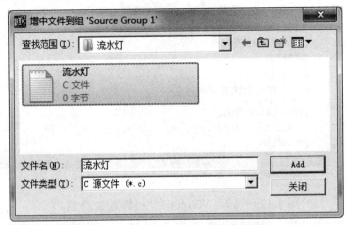

图 1.10　选中文件的对话框界面

(4) 将文件"流水灯.c"加入工程后的屏幕窗口如图 1.11 所示。读者可在该屏幕窗口中编写源程序。

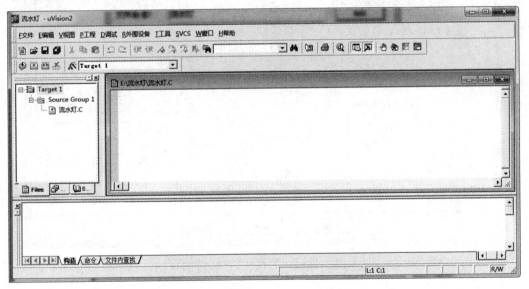

图 1.11　将文件加入工程后的屏幕窗口

3) 工程参数设置

(1) 设置 Keil C51 仿真器的工程参数，选择菜单上的"P 工程"(Project) → "目标'Target 1'属性"(Option for Target)。目标'Target 1'属性的命令窗口如图 1.12 所示。选择"'Target 1'属性"选项后，进入目标'Target 1'属性的窗口，其界面如图 1.13 所示。

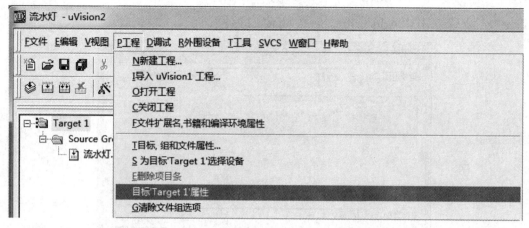

图 1.12　目标'Target 1'属性的命令窗口

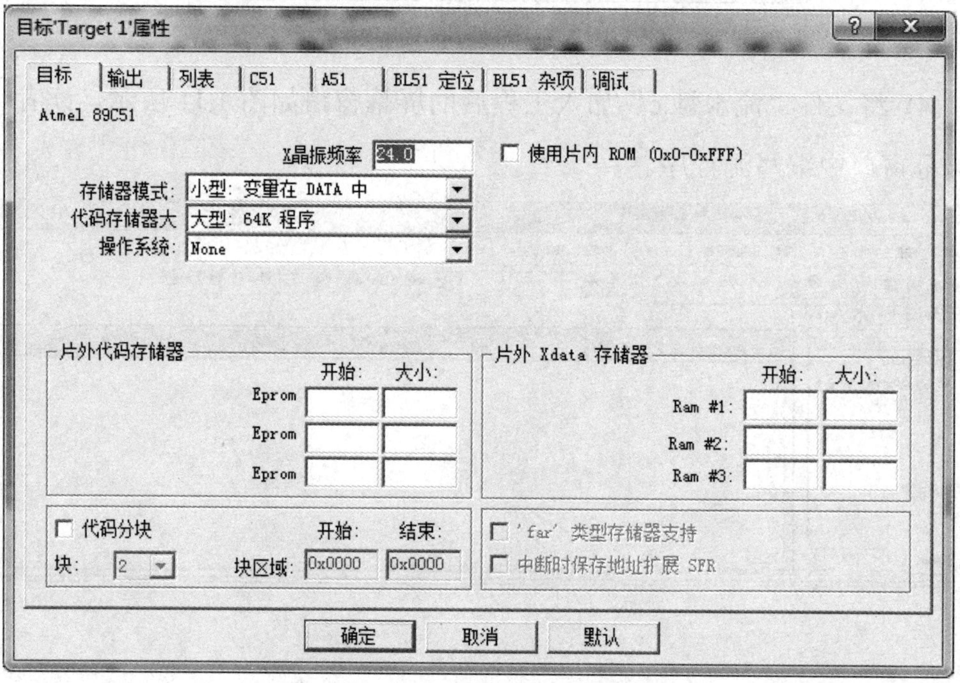

图 1.13　目标'Target 1'属性的窗口

(2) 在图 1.13 中选择"调试"(debug)栏，按如图 1.14 调试选项卡进行设置。

＊U 使用(位置 1)：如果选择"Keil Monitor-51 Driver"，则选择硬件仿真(根据实际的硬件仿真器设置)；如果选择"Simulator"，则选择软件仿真。

＊启动时加载程序(位置 2)：选择该项，待程序编译完毕，Keil 会自动装载用户编写的程序代码。

＊ 运行到 main()(位置 3)：调试 C 语言程序时可以选择这一项，程序会自动运行到 main 程序处。

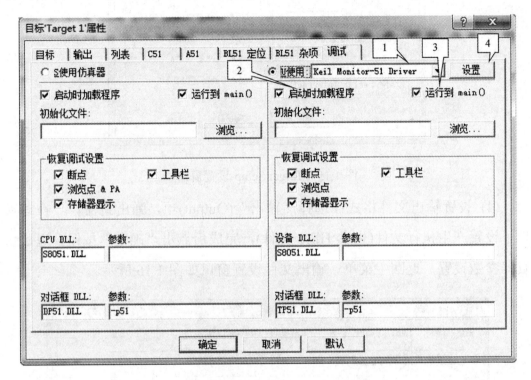

图 1.14　调试选项卡

(3) 点击图 1.14 中的"设置"按钮(在图 1.14 位置 4)，打开新的窗口"Target Setup"，如图 1.15 所示。

＊ 在 Comm Port Setting 中设置 Port：设置使用的串口号。可在"控制面板→硬件和声音→设备管理器"中确认 USB 转串口的 Com 端口号(建议将 Com 端口号设置在 Com1 或 Com2 上)。

＊ 在 Comm Port Settings 中设置 Baudrate：设置通信波特率为 57 600 b/s。仿真器采用 57 600 b/s 固定波特率与 Keil C 通信。

＊ Serial Interrupt：选中它即设为软件复位，同一工程文件在运行后，如发现问题需要修改，可重新编译运行，不必按硬件复位键退出程序的运行。

＊ Cache Options：该项可以选也可以不选。选择该项时，仿真器运行会加快。

最后点击"OK"按钮，再关闭 Target Setep 窗口，设置结束。

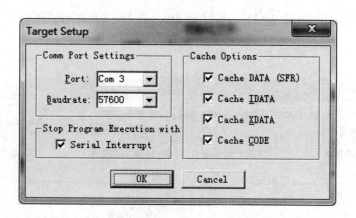

图 1.15　Target Setup 设置窗口

(4) 设置输出文件格式：选择"输出"(Output)项，弹出新窗口，在该窗口下设置产生执行文件(生成 HEX 文件)，完成后点击"确定"按钮，退出仿真器参数设置，返回主菜单。输出文件设置窗口如图 1.16 所示。

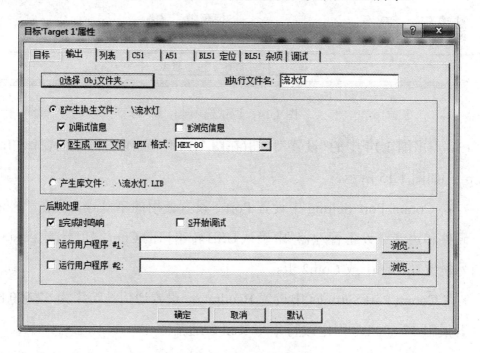

图 1.16　输出文件设置窗口

4) 编译和加载程序

(1) 编译所编写的程序，选择"P 工程"(Project)→"R 重新构造所有目标(Rebuild all target files)"，对所编写程序进行编译，如程序有错误，根据窗口

提示查找对应的语句错误，修改源文件，直到正确为止。编译命令窗口如图
1.17 所示。

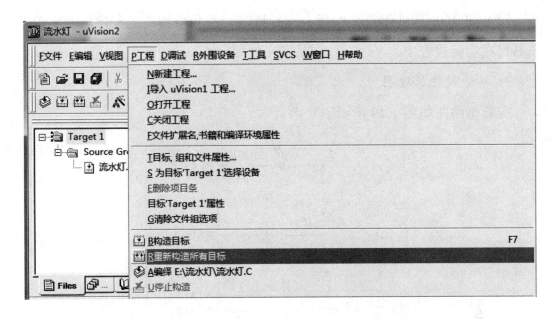

图 1.17　编译命令窗口

(2) 编译完毕之后，选择"D 调试"(Debug)→"D 开始/停止调试"(Start/Stop
Debug Session)，就可装载程序并进行调试。调试命令窗口如图 1.18 所示。

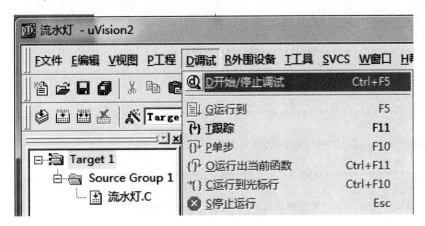

图 1.18　调试命令窗口

3. 实验练习

1) 实验练习内容

使用单片机 P1 口的 I/O 位线 P1.0 控制一个发光二极管，使其按一定频率

闪烁。

2) 实验练习要求

用 Keil IDE 软件编辑、编译、运行程序，并将所编写的程序以及实验结果书写在实验报告中。

3) 实验硬件原理图

实验电路图如图 1.19 所示。

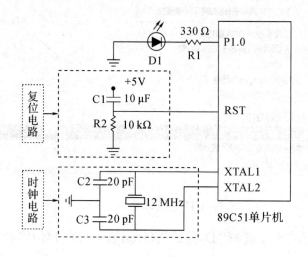

图 1.19　实验电路图

4) 实验参考程序

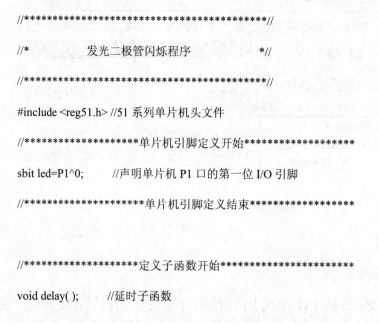

```
//*******************************************//
//*            发光二极管闪烁程序            *//
//*******************************************//
#include <reg51.h> //51 系列单片机头文件
//******************单片机引脚定义开始******************
sbit led=P1^0;        //声明单片机 P1 口的第一位 I/O 引脚
//******************单片机引脚定义结束******************


//******************定义子函数开始******************
void delay( );        //延时子函数
```

```
//******************定义子函数结束********************


//****************** 主函数开始**********************

void mian( )            //主函数

{

    while(1)            //循环

    {

        led=0;          //点亮发光二极管

        delay( );       //延时子函数

        led=1;          //点亮发光二极管

        delay( );       //延时子函数

    }

}

//******************主函数结束***********************


//******************延时子函数开始*******************

    void delay( )

    {

    unsigned int i,j;          //声明无符号整形变量 i, j

        for(i=1000;i>0;i--)    //延时

            for(j=100;j>0;j--);

    }

//******************延时子函数结束*******************
```

4. 问题思考

完成实验后请读者思考如图 1.20 所示的问题。

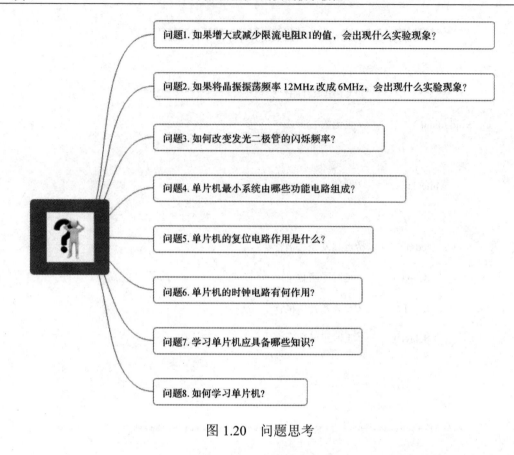

图 1.20　问题思考

1.3　实验二　Proteus 仿真软件使用练习

1.3.1　实验目的

(1) 学习 Proteus 仿真软件使用方法；

(2) 熟练掌握使用 Proteus 仿真软件搭建单片机应用系统；

(3) 进一步熟悉单片机 C 语言程序的编写、调试方法。

1.3.2　实验要求

(1) 熟悉 Proteus 软件界面及使用方法；

(2) 掌握使用 Proteus 仿真软件绘制单片机仿真原理图；

(3) 熟练掌握单片机应用系统仿真与调试。

1.3.3　实验内容与步骤

1. 使用 Proteus ISIS 仿真软件的步骤

使用 Proteus ISIS 仿真软件的步骤如图 1.21 所示。

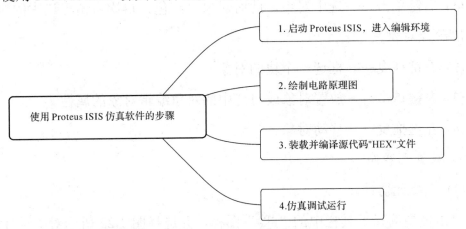

图 1.21　使用 Proteus ISIS 仿真软件的步骤

2. Proteus ISIS 使用简介

1) *启动* Proteus ISIS

双击桌面 Proteus ISIS 图标"$\blacksquare$"，启动后进入工作界面。Proteus 工作界面如图 1.22 所示。

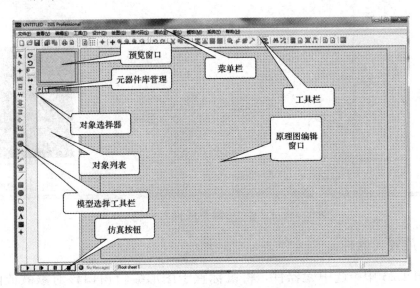

图 1.22　Proteus 工作界面

2) Proteus 仿真软件的鼠标使用

在 Proteus 仿真软件中，鼠标操作与传统的方式不同，右键选取，左键编辑或移动。

(1) 右键单击——选中对象，此时对象呈红色；再次右击已选中的对象，即可删除该对象。

(2) 右键拖曳——框选一个块的对象。

(3) 左键单击——放置对象或对选中的对象编辑对象的属性。

(4) 左键拖曳——移动对象。

3) 放置元器件

(1) 选择元器件。

单击模型选择工具栏中的"⤵"图标，并选择图 1.22 所示对象选择器中的"P"按钮，出现选择元器件对话框。元器件选择对话框如图 1.23 所示。

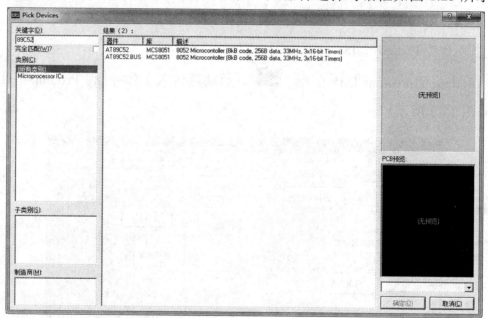

图 1.23　元器件选择对话框

(2) 放置元器件。

在图 1.23 中，选中元器件，将鼠标置于图形编辑窗口该对象欲放的位置，单击鼠标左键，完成该对象的放置。

(3) 移动元器件。

若对象位置需要移动，将鼠标移到该对象上，单击鼠标右键，此时可注意到该对象的颜色已变为红色，表明该对象已被选中，按下鼠标左键，拖动鼠标，将对象移至新位置后，松开鼠标，完成移动操作。

(4) 删除元器件。

对于误放置的元器件，右键双击对象，即可删除，若不小心进行了误删除操作，可通过工具栏中的撤销按钮进行恢复。

(5) 调整元器件方位。

选中元器件，使其高亮显示，单击旋转按钮，可调整方位。

(6) 撤销选中(刷新)。

编辑窗口显示正在编辑的电路原理图，可以通过执行菜单命令"文件"下的"刷新"命令来刷新显示内容，也可以点击工具栏中的"刷新"命令按钮或者快捷键"R"，与此同时预览窗口中的内容也将被刷新。

(7) 编辑对象。

首先用鼠标右键点击选中对象，然后用鼠标左键点击对象，此时出现属性编辑对话框，可以改变元器件标号、值、PCB 封装以及是否把这些参数隐藏等。修改完毕后，点击"OK"按钮即可。

4) 原理图布线

Proteus 仿真软件具有智能化，在画线时系统可进行自动检测。Proteus 仿真软件具有线路自动路径连接功能(简称 WAR)。当选中两个连接点后，WAR将选择一个合适的路径连线。

单击模型选择工具栏中的总线按钮"＋"，使之处于选中状态。将鼠标置于图形编辑窗口，即可绘制出系统总线。

单击模型选择工具栏中的导线标签按钮"LBL"，在图形编辑窗口中，完成导线或总线的标注。

在使用 Proteus 仿真软件时，可能会发现许多器件没有 VCC(电源)和

GND(地)引脚，其实它们被隐藏了，在使用这些器件时可以不用加电源(VCC 与 GND)。如果器件需要加电源，可以点击工具箱的接线端按钮"⌷"，这时对象选择器将出现许多接线端。

在对象选择器中，点击对应器件符号，将鼠标移到原理图编辑区，点击左键即可完成器件放置。

5) 绘制电路图

以"单片机控制流水灯"实验为例，介绍使用 Proteus 仿真软件绘制单片机控制系统原理图。单片机控制流水灯电路原理图如图 1.24 所示。

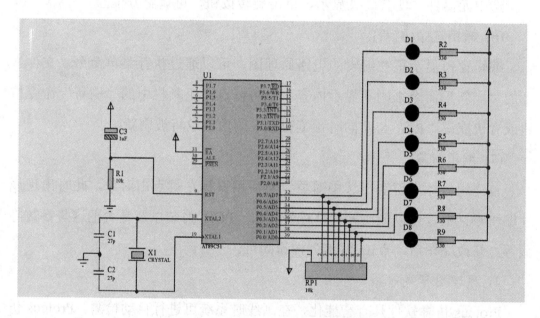

图 1.24　单片机控制流水灯电路原理图

组成单片机控制流水灯电路的元器件如表 1-2 所示。

表 1-2　元器件表

器件名称	型号代号	参数	数量
单片机	AT89C51	集成芯片	1
瓷片电容	CAP	30 pF	2
晶振	CRYSTAL	12 MHz	1

续表

器件名称	型号代号	参数	数量
电阻	RES	330 Ω，10 kΩ	8，1
电解电容	CAP-ELEC	10 μF	1
排阻	RESPACK-8	10 kΩ	1
发光二极管	LED-YELLOW	10 mA	8

6) Proteus 仿真与调试

在 Keil C IDE 中将编写的"单片机控制流水灯"程序编译生成"*.hex"
文件。在 Proteus 仿真软件工作界面上，右键选中工作区中的单片机芯片，左
键单击打开属性对话框，如图 1.25 所示，按下保存"单片机控制流水灯"程
序编译生成"*.hex"文件的文件夹"🖫"按钮，在弹出的选择文件对话框中
选择相应的"*.hex"文件。导入"单片机控制流水灯"程序编译生成"*.hex"
文件界面，如图 1.25 所示。

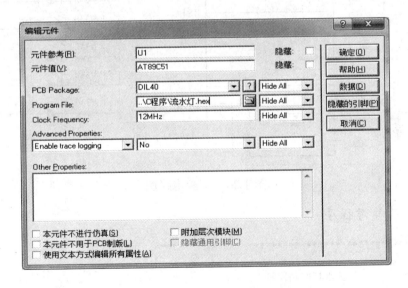

图 1.25　导入.hex 文件界面

通过 Proteus 仿真软件工作界面的仿真按钮"▶ ▮▶ ▮▮ ▮"控制
系统仿真，并可观察实验的仿真运行过程与结果。

3. 实验练习

1) 实验练习内容

使用 Proteus 仿真软件，实现单片机 P1 口控制 D1～D8 八个发光二极管单方向依次点亮。

2) 实验练习要求

(1) 根据实验内容，使用 Keil IDE 软件编辑、编译程序，生成 ".hex" 文件；

(2) 使用 Proteus 仿真软件绘制电路原理图，装载 ".hex" 文件，并仿真调试。

3) 实验硬件原理图

实验电路图如图 1.26 所示。

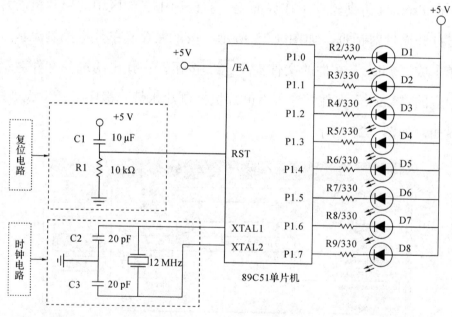

图 1.26　实验电路图

4) 实验参考程序

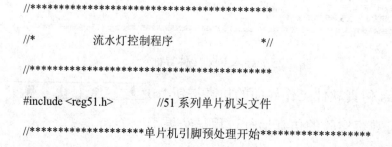

```
//**************************************
//*          流水灯控制程序          *//
//**************************************
#include <reg51.h>          //51 系列单片机头文件
//******************单片机引脚预处理开始******************
```

```
#define   led   P1                //预处理命令用 led 取代 P1 口
//********************单片机引脚预处理结束********************


//********************定义子函数开始********************
void delay( );                    //延时子函数
//********************定义子函数结束********************


//********************主函数开始********************
void mian( )                      //主函数
{
    while(1)                      //循环
    {
        led=0xfe;                 //点亮发光二极管 D1
        delay( );                 //延时子函数
        led=0xfd;                 //点亮发光二极管 D2
        delay( );                 //延时子函数
        led=0xfb;                 //点亮发光二极管 D3
        delay( );                 //延时子函数
        led=0xf7;                 //点亮发光二极管 D4
        delay( );                 //延时子函数
        led=0xef;                 //点亮发光二极管 D5
        delay( );                 //延时子函数
        led=0xdf;                 //点亮发光二极管 D6
        delay( );                 //延时子函数
        led=0xbf;                 //点亮发光二极管 D7
        delay( );                 //延时子函数
        led=0x7f;                 //点亮发光二极管 D8
```

```
        delay( );              //延时子函数

        }

    }

//*****************主函数结束*********************

//*****************延时子函数开始*****************

    void delay( )

    {

    unsigned int i,j;          //声明无符号整形变量 i，j

        for(i=1000;i>0;i--)        //延时

            for(j=100;j>0;j--);

        }

//*****************延时子函数结束*****************
```

4. 问题思考

完成实验后请读者思考如图 1.27 所示的问题。

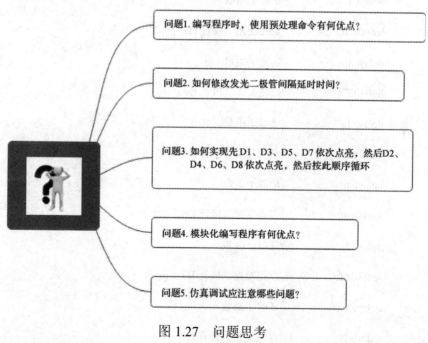

图 1.27　问题思考

1.4　Proteus 原理图与 Keil 联机仿真调试简介

1.4.1　概述

Keil C51 是一种专门为 51 单片机设计的 C 语言编译器，在极小的存储空间下，可以生成高效的运行代码。Keil 公司 μVision2 中集成了 C51 编译器，包括项目管理、程序编译和仿真调试等功能，并可通过专门的驱动软件(Proteus VSM Keil Debugger Driver)与 Proteus 原理图进行连接仿真调试，极大地方便了单片机学习和开发工作。驱动软件可以到 Labcenter 网站免费下载。在安装 μVision2 和 Proteus 的前提下，本节通过实例对如何采用 Keil 环境编写的程序与 Proteus 原理图进行联机仿真调试进行讲解。

1.4.2　安装 Proteus VSM Keil Debugger Driver

从 Labcenter 网站免费下载驱动软件(Proteus VSM Keil Debugger Driver)，执行驱动软件 vdmagdi.exe。运行 Proteus VSM Keil Debugger Driver 界面如图 1.28 所示。

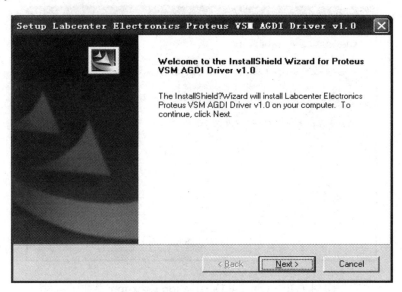

图 1.28　运行 Proteus VSM Keil Debugger Driver 界面

在图 1.28 中点击"Next",进入"Setup Type"界面。选择 μVision 版本界面如图 1.29 所示。

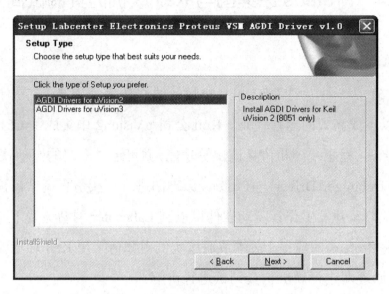

图 1.29　选择 uVision 版本界面

根据所采用 μVision 的版本进行选择,在此选择"AGDI Drivers for μVision2",完成选择后,点击"Next"按钮,进入"Choose Destination Location"界面,其界面如图 1.30 所示。

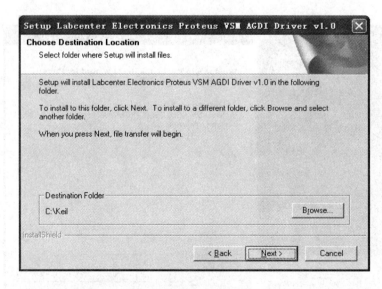

图 1.30　Choose Destination Location 界面

在图 1.30 中选择驱动软件的安装路径,此处安装路径通常与 μVision2 的

安装路径一样。点击"Next"按钮，进入"Select Components"界面，其界面
如图 1.31 所示。

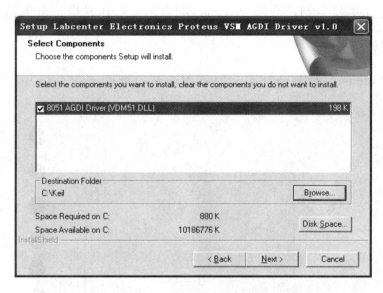

图 1.31　Select Components 界面

在图 1.31 中选择"8051 AGDI Driver(VDM51.DLL)"，其他选项默认。点
击"Next"按钮完成安装。完成安装后，点击"Finish"结束。安装完成界面
如图 1.32 所示。

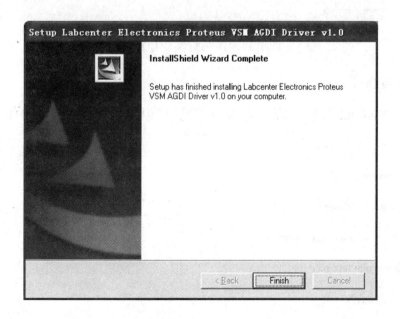

图 1.32　安装完成界面

1.4.3　Proteus 原理图与 Keil 联机仿真调试

以跑马灯实验为例，介绍 Proteus 原理图与 Keil 联机仿真调试。

1. 绘制原理图

使用 Proteus 绘制跑马灯实验原理图，其原理图如图 1.33 所示。

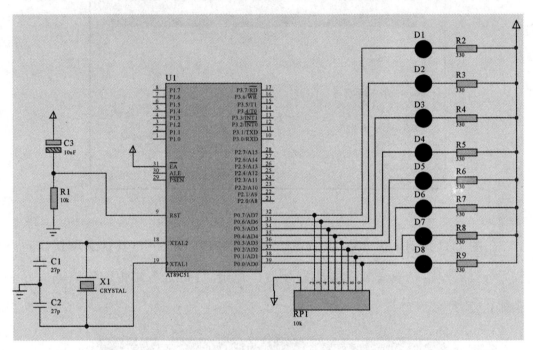

图 1.33　跑马灯实验原理图

2. 编写程序

使用 μVision2 新建工程，并编写跑马灯实验程序，具体代码如下：

```
//---库函数声明及相关定义---//

#include<reg51.h>

#include<intrins.h>

#define uchar unsigned char

#define uint unsigned int

//---延时函数---//

void DelayMS(uint x)
```

```
{

    uchar i;

    while(x--)

    {

    for(i=0;i<255;i++);

    }

}

//---主函数---//

void main()

{

    P0=0xfe;

    while(1)

    {

        DelayMS(80);

        P0=_crol_(P0,1);

    }

}
```

3. 配置 μVision2 的 "Debug" 选项卡

实现 Proteus 原理图与 Keil 联机仿真调试，在 μVision2 中需要对 "Options for Target" 界面的 "Debug" 选项卡进行配置。

在 μVision2 中，单击 "project Options for Target"，调出 "Options for Target 'Target 1'" 界面。配置 "Target" "Output" "Listing" "C51" "A51" "BL51 Locate" "BL51 Misc" 选项卡。"Debug" 选项卡如图 1.34 所示。

"Debug" 选项卡用于设定 μVision2 的调试选项。单击右边的 "Use" 单选框，在下拉列表中选择 "Proteus VSM Simulator"，其他选择如图 1.34 所示。

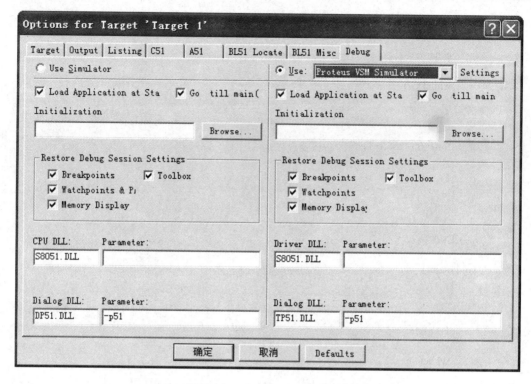

图 1.34　"Debug" 选项卡

单击右边的 "Settings" 按钮，弹出 "VDM51 Target Setup" 通信配置界面，具体配置如图 1.35 所示。

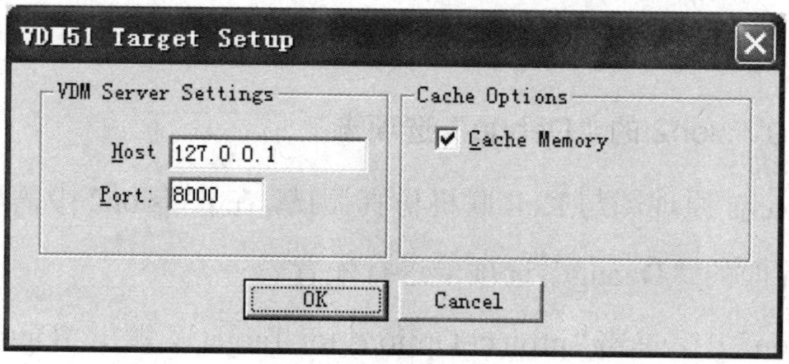

图 1.35　通信配置界面

完成以上基本配置后，在 μVision2 中，点击 "Build target 'Target 1'" 编译链接当前程序，并在输出窗口中显示提示信息。编译链接提示信息如图 1.36 所示。

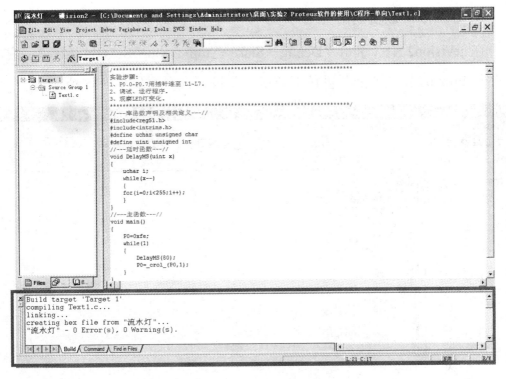

图 1.36　编译链接提示信息

4. Proteus 联机仿真调试

完成 C51 编译链接后，打开 Proteus 原理图，在 ISIS 环境中开启"Debug→Use Remote Debug Monitor"选项，开启 Proteus 原理图联机仿真调试如图 1.37 所示。

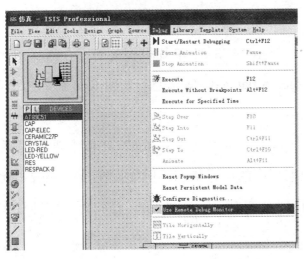

图 1.37　开启 Proteus 原理图联机仿真调试

5. μVision2 联机调试

在 μVision2 中，单击"Debug→Start→Stop Debug Session"选项，启动 Keil 与 Proteus 原理图的联机仿真调试。联机调试界面如图 1.38 所示。

图 1.38　联机调试界面

在图 1.38 中，显示 MCS-51 单片机相关的寄存器状态，信息输出窗口中提示"VDM51 target initialized"等信息，表明 Keil 进入与 Proteus 原理图的联机仿真调试状态。

在联机仿真状态下，可以在 μVision2 环境中进行程序调试，同时通过 Proteus 原理图观察程序的运行状态。例如，在 μVision2 中点击"Run"按钮运行程序，与此同时会在 Proteus 中显示运行状态。跑马灯实验联机运行状态如图 1.39 所示。

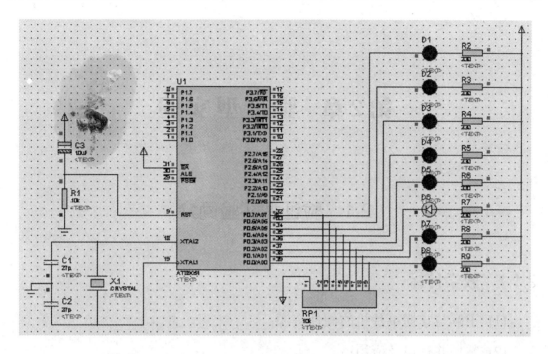

图 1.39　跑马灯实验联机运行状态

　　µVision2 与 Proteus 原理图联机后仿真功能非常完善,可以实现单步调试、断点调试、运行到指定位置、全速运行等操作;在 Proteus 原理图中观察调试结果,同时在 µVision2 环境中观察存储器状态、寄存器状态、片内外设状态等,非常便捷。

第 2 章　验证型实验

2.1　验证型实验简介

2.1.1　教学目标

(1) 了解与掌握单片机的硬件资源；

(2) 掌握并行口及应用；

(3) 掌握中断系统及应用；

(4) 掌握定时器/计数器及应用；

(5) 掌握串行口及应用；

(6) 掌握键盘/LED 数码管显示器接口技术；

(7) 掌握 D/A 接口技术；

(8) 掌握 A/D 接口技术。

2.1.2　教学内容

验证型实验项目及计划学时安排如表 2-1 所示。

表 2-1　验证型实验项目及计划学时

序号	实 验 项 目	计划学时
实验一	并行口应用实验	2
实验二	中断实验	2
实验三	定时器/计数器应用实验	2

续表

序号	实 验 项 目	计划学时
实验四	串行口实验	2
实验五	矩阵键盘/LED 数码管实验	2
实验六	D/A 转换实验	2
实验七	A/D 转换实验	2

2.1.3　实验考核与评价

实验考核与评价标准见附录 5。

2.2　实验一　并行口应用实验

2.2.1　实验目的

(1) 掌握单片机并行口 P3 口、P1 口的使用方法;

(2) 学习延时程序的编写和使用;

(3) 熟悉在 Keil C51 开发平台上建立、编译、链接、调试及运行 C 语言程序的方法和步骤。

2.2.2　实验要求

(1) 根据实验内容画出程序流程图,并在 Keil C51 平台上开发单片机应用程序;

(2) 应用 Proteus 仿真软件绘制原理图,并进行仿真调试;

(3) 在单片机实验室设备正确连线后,下载程序调试运行;

(4) 感兴趣的读者可 DIY 实验板,并调试运行。

2.2.3　实验描述

1. 实验内容

(1) P3.3 口作为输入口，外接一脉冲，每输入一个脉冲，P1 口按十六进制加一输出。

(2) P1 口作为输出口，编写程序实现 P1 口连接的 8 个发光二极管 L0～L7 按十六进制加一的方式点亮发光二极管。

2. 实验说明

(1) P1 口是准双向口，它作为输出口时与一般的双向口使用方法相同，由准双向口结构可知：当 P1 口作为输入口时，必须先对它置高电平，使内部 MOS 管截止，因内部上拉电阻是 20 kΩ～40 kΩ，故不会对外部输入产生影响。若不先对它置高，且原来是低电平，则 MOS 管导通，读入的数据将出现错误。

(2) 使用 C51 编写延时子程序软件的参考例程如下：

```
//*******************延时子函数开始*******************

    void delay( )

    {

    unsigned int i,j;        //声明无符号整形变量 i, j

      for(i=1000;i>0;i--)        //外循环

        for(j=100;j>0;j--);    //内循环

    }

//*******************延时子函数结束*******************
```

说明：软件延时与单片机的机器周期相关。软件延时的精确时长计算方法可查阅相关文献资料。

3. 实验原理图

实验原理图如图 2.1 所示。

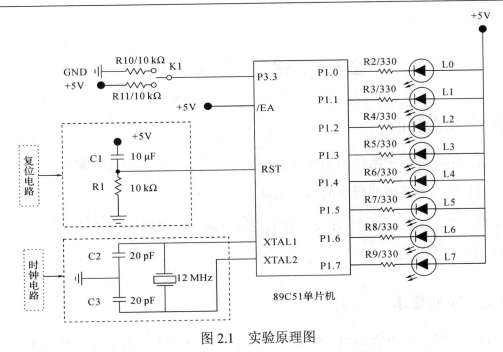

图 2.1　实验原理图

4. 实验步骤

(1) P3.3 连至拨动 K1，P1.0～P1.7 分别连接发光二极管 L0～L7；

(2) 调试、运行程序；

(3) 开关 K1 每拨动一次，L0～L7 发光二极管按 16 进制方式加一点亮。

5. 问题思考

完成实验后请读者思考如图 2.2 所示的问题。

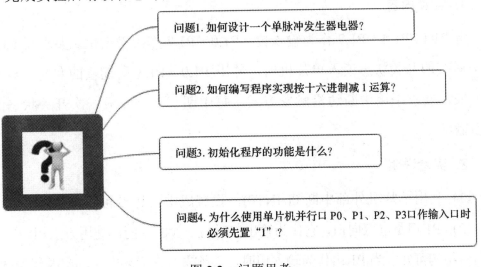

图 2.2　问题思考

2.3　实验二　中断实验

2.3.1　实验目的

(1) 学习外部中断技术的使用方法；

(2) 学习中断处理程序的编程方法；

(3) 熟悉在 Keil C51 开发平台上建立、编译、链接、调试及运行 C 语言程序的方法和步骤。

2.3.2　实验要求

(1) 根据实验内容画出程序流程图，并在 Keil C51 平台上开发单片机应用程序；

(2) 应用 Proteus 仿真软件绘制原理图，并进行仿真调试；

(3) 在单片机实验室设备正确连线后，下载程序调试运行；

(4) 感兴趣的读者可 DIY 实验板，并调试运行。

2.3.3　实验描述

1. 实验内容

将 P1 口 P1.4～P1.7 作为输入位，P1.0～P1.3 作为输出位。要求将 P1.4～P1.7 所接的开关状态读入单片机内，并用 P1.0～P1.3 所连接的发光二极管表示出来，要求采用中断边沿触发方式，每中断一次，完成一次开关状态的读入和输出。

2. 实验说明

(1) 利用单片机外部中断 0(/INT0)，设置成中断边沿触发方式。

(2) P1 口是准双向口，它作为输出口时与一般的双向口使用方法相同。由准双向口结构可知：当 P1 口作为输入口时，必须先对它置高电平，使内部 MOS 管截止，因内部上拉电阻是 20 kΩ～40 kΩ，故不会对外部输入产生影响。若不先对它置高，且原来是低电平，则 MOS 管导通，读入的数据将出现错误。

3. 实验原理图

实验原理图如图 2.3 所示。

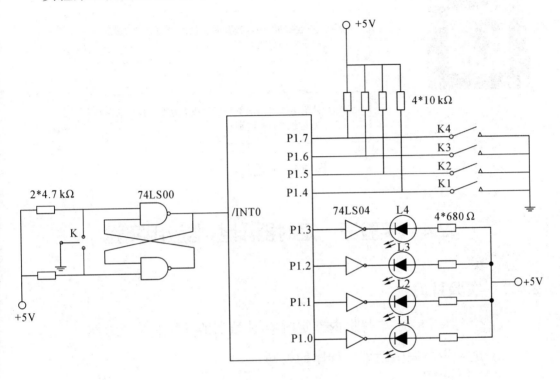

图 2.3　实验原理图

4. 实验步骤

(1) P1.4～P1.7 分别连开关 K1～K4，P1.0～P1.3 分别连到发光二极管 L1～L4；

(2) 调试、运行所编写的程序；

(3) 首先拨动开关 K1～K4，然后拨动开关 K 产生下降沿触发/INT0 中断，观察发光二极管的状态。

5. 问题思考

完成实验后请读者思考如图 2.4 所示的问题。

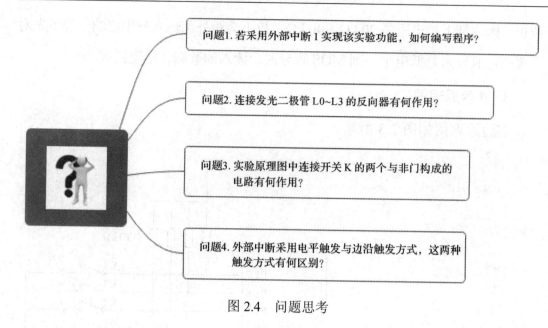

图 2.4　问题思考

2.4　实验三　定时器/计数器应用实验

2.4.1　实验目的

(1) 学习 MCS-51 单片机内部定时器/计数器的使用和编程方法；

(2) 进一步掌握中断处理程序的编写。

2.4.2　实验要求

(1) 根据实验内容画出程序流程图，并在 Keil C51 平台上开发单片机应用程序；

(2) 应用 Proteus 仿真软件绘制原理图，并进行仿真调试；

(3) 在单片机实验室设备正确连线后，下载程序调试运行；

(4) 感兴趣的读者可 DIY 实验板，并调试运行。

2.4.3　实验描述

1. 实验内容

使用 MCS-51 单片机内部定时器 1，按方式 1 工作，即作为十六位定时器使用，每 0.1 秒钟溢出中断一次。P1 口的 P1.0～P1.7 分别接发光二极管。要求编写程序模拟一时序控制装置。开机后第一秒钟 L1、L3 亮，第二秒钟 L2、L4 亮，第三秒钟 L5、L7 亮，第四秒钟 L6、L8 亮，第五秒钟 L1、L3、L5、L7 亮，第六秒钟 L2、L4、L6、L8 亮，第七秒钟八个二极管全亮，第八秒钟全灭，以后又从头开始，L1、L3 亮，然后 L2、L4 亮，……，一直循环下去。

2. 实验说明

1) 定时常数的确定

定时器/计数器的输入脉冲周期与机器周期一样，为振荡器频率的 $\frac{1}{12}$。本实验中时钟频率如果为 6.144 MHz，现要采用中断方法来实现 1 s 延时，要在定时器 1 中设置一个时间常数，使其每隔 0.1 s 产生一次中断，连续中断十次即可实现 1 s 延时。

时间常数可按下法确定：

$$机器周期 = \frac{12}{时钟频率} = \frac{12}{6.144 \times 10^6} = 1.9531 \times 10^{-6}$$

需设初值为 X，则

$$(2^{16} - X) \times 1.9531 \times 10^{-6} = 0.1$$

$$2^{16} - X = 51\,200$$

$$X = 65\,536 - 51\,200 = 14\,336$$

化为十六进制：X = 3800H，故初值为

$$TH1 = 38H，\ TL1 = 00H$$

2) 初始化程序

初始化程序包括定时器初始化和中断程序初始化，主要是对 IP、IE、TCON、TMOD 的相应位进行正确的设置，并将时间常数送入定时器中。由于实验中只有定时器中断，IP 可不必设置。

3) 设计中断服务程序和主程序

中断服务程序要将时间常数重新送入定时器中，为下一次中断作准备。主程序则用来控制发光二极管按要求顺序亮灭。

3. 实验原理图

实验原理图如图 2.5 所示。

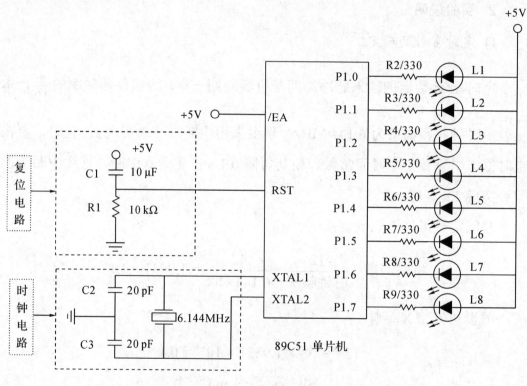

图 2.5　实验原理图

4. 实验步骤

(1) P1.0～P1.7 连至 L1～L8；

(2) 根据实验内容编写运行程序，并调试运行；

(3) 观察 LED 灯变化。

5. 问题思考

完成实验后请读者思考如图 2.6 所示的问题。

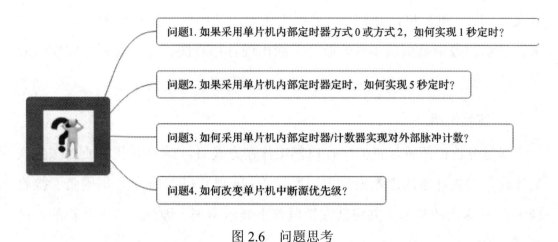

图 2.6　问题思考

2.5　实验四　串行口应用实验

2.5.1　实验目的

(1) 掌握串行口工作方式的程序设计，掌握单片机通信程序编写方法；

(2) 了解实现串行通信的硬件环境、数据格式的协议和数据交换的协议；

(3) 掌握双机通信的原理和方法。

2.5.2　实验要求

(1) 根据实验内容画出程序流程图，并在 Keil C51 平台上开发单片机应用程序；

(2) 应用 Proteus 仿真软件绘制原理图，并进行仿真调试；

(3) 在单片机实验室设备正确连线后，下载程序调试运行；

(4) 感兴趣的读者可 DIY 实验板，并调试运行。

2.5.3　实验描述

1. 实验内容

用两片 AT89C51 单片机实现双机串行通讯。要求将 1# 单片机的按键次数发送到 2# 单片机，并在 2# 单片机驱动的数码管上把按键的次数显示出来。显示的数字范围从 0～9 循环。画出硬件原理图，并编写程序实现实验要求。

2. 实验说明

课题分析：两单片机的串行口都工作在方式 1。1# 单片机负责对按键次数计数，并将计数的次数通过串口发送给 2# 单片机；2# 单片机则负责接收 1# 单片机送来的数据，并将其在数码管上显示出来，因此两片单片机的程序要分别编写。

两单片机均工作在串口方式 1(10 位异步通信模式)下，程序需要首先进行串口初始化，主要任务是设置产生波特率的定时器 1、串口控制和中断控制，具体步骤如下：

(1) 设置串口模式(SCON)；

(2) 设置定时器 1 的工作方式(TMOD) ；

(3) 计算定时器 1 的初值(TH1/TL1)；

(4) 启动定时器 1 (TR1)；

(5) 如果串口工作在中断方式，还必须设置 IE 寄存器 ES 位，允许串行口中断，并编写中断程序。

在 1# 单片机程序中设 SCON = 0x40(01000000)，2# 单片机程序则设 SCON = 0x50(01010000)，两者都将串口设为方式 1，但后者还需将 REN(允许接收)位设置为 1，因为 2#单片机要接收串口数据，而 1# 单片机不需要接收数据。

方式 1 下波特率由定时器 1 控制，让定时器 1 工作在自动重装初值的方式 2，波特率计算公式为：

$$波特率 = \frac{2^{\text{SMOD}} \times 晶振频率}{12 \times (256 - \text{TH1}) \times 32}$$

设波特率为 9600 b/s，若 f_{osc} = 11.0592 MHz，波特率不倍增，即 SMOD =
0，PCON = 0x00(SMOD 为 PCON 的最高位)。由波特率计算公式可求得 TH1 =
TL1 = 0xFD(253)。

本实验中两片单片机的串口均不工作在中断方式，而是使用查询方式，
发送方通过循环查询 TI 标志判断是否发送完成，接收方通过循环查询 RI 标志
判断是否接收到字节。因此发送前要将 TI 清零，接收前要将 RI 清零，如果发
送成功，硬件会自动将 TI 置 1，如果接收到新字节，硬件也会将 RI 置 1。在
每一次收/发时都要注意通过程序将 TI 和 RI 再次清零。

3. 实验原理图

实验原理图如图 2.7 所示。

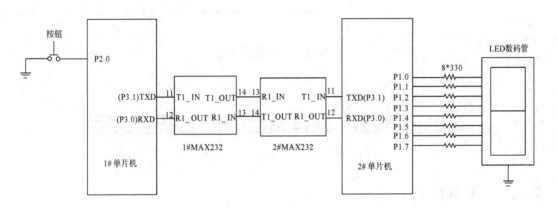

图 2.7　实验原理图

4. 实验步骤

(1) 实验接线如图 2.7 所示；

(2) 根据实验内容分别编写 1# 单片机与 2# 单片机的运行程序，并调试
运行；

(3) 观察实验结果。

5. 问题思考

完成实验后请读者思考如图 2.8 所示的问题。

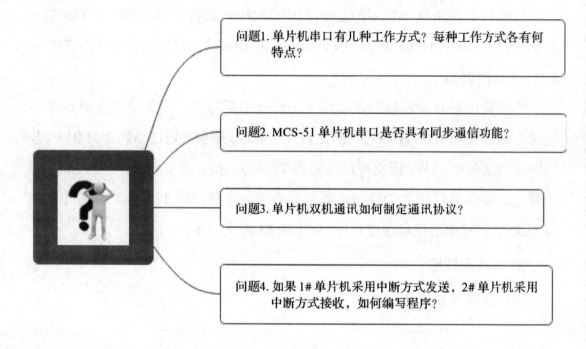

图 2.8　问题思考

2.6　实验五　矩阵键盘/LED 数码管实验

2.6.1　实验目的

(1) 理解键盘扫描和去抖动的原理；

(2) 掌握键盘扫描实现方法；

(3) 设计一个矩阵键盘，编程实现按下某按键，数码管显示相应键值的功能。

2.6.2　实验要求

(1) 根据实验内容画出程序流程图，并在 Keil C51 平台上开发单片机应用程序；

(2) 应用 Proteus 仿真软件绘制原理图，并进行仿真调试；

(3) 在单片机实验室设备正确连线后，下载程序调试运行；

(4) 感兴趣的读者可 DIY 实验板，并调试运行。

2.6.3 实验描述

1. 实验内容

矩阵键盘上有数字键(0～F)共十六个按键，实现每按下一个数字键，采用八段数码光管将对应代码显示出来，编写程序实现实验要求。

2. 实验说明

在非编码行列矩阵式键盘单片机系统中，对键盘的识别用逐行(或列)扫描查询法。

在对按键进行行扫描时，首先判别键盘中有无键按下，由单片机 I/O 口向键盘输出全扫描字，然后读入列线状态来判断。方法是：向行线输出全扫描字 00H，把全部行线置为低电平，然后将列线的电平状态读入。如果有键按下，那么总会有一根列线电平被拉至低电平，从而使列输入不全为 1。

判断键盘中哪一个键被按下是通过将行线逐行置低电平后，检查列输入状态来实现。方法是：依次给行线送低电平，然后查所有列线状态，称为行扫描。如果全为 1，则所按下的键不在此行；如果不全为 1，则所按下的键必在此行，而且是在与零电平列线相交的交点上的那个按键。在扫描过程中，当发现某行有键按下，也就是输入的列线中有一位为 0，便可以确定闭合按键所在的位置。根据行线和列线的位置就可以判断哪一个键按下。

3. 实验原理图

实验原理图如图 2.9 所示。

4. 实验步骤

(1) 实验接线如图 2.9 所示；

(2) 根据实验内容编写运行程序，并调试运行；

(3) 观察实验结果。

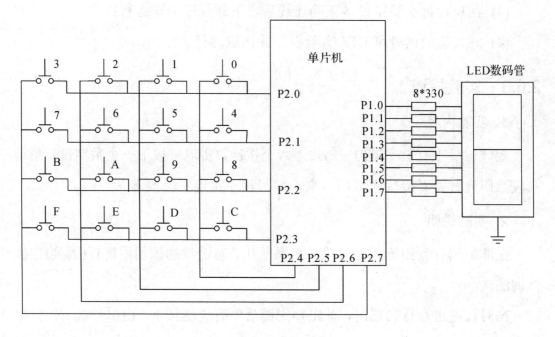

图 2.9　实验原理图

5. 问题思考

完成实验后请读者思考如图 2.10 所示的问题。

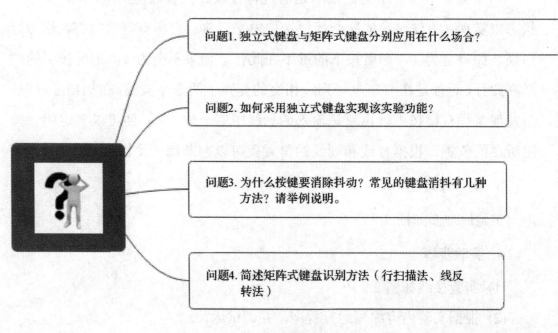

问题1. 独立式键盘与矩阵式键盘分别应用在什么场合？

问题2. 如何采用独立式键盘实现该实验功能？

问题3. 为什么按键要消除抖动？常见的键盘消抖有几种方法？请举例说明。

问题4. 简述矩阵式键盘识别方法（行扫描法、线反转法）

图 2.10　问题思考

2.7　实验六　D/A 转换实验

2.7.1　实验目的

(1) 掌握 D/A 转换与单片机的接口方法；

(2) 熟悉 D/A 转换芯片 DAC0832 的性能及编程方法；

(3) 了解单片机系统中扩展 D/A 转换芯片的基本方法。

2.7.2　实验要求

(1) 根据实验内容画出程序流程图，并在 Keil C51 平台上开发单片机应用程序；

(2) 应用 Proteus 仿真软件绘制原理图，并进行仿真调试；

(3) 在单片机实验室设备正确连线后，下载程序调试运行；

(4) 感兴趣的读者可 DIY 实验板，并调试运行。

2.7.3　实验描述

1. 实验内容

编写程序采用 DAC0832 芯片生成三角波。

2. 实验说明

为了输出电压信号生成所需要的三角波，采用 μA741 运算放大器将电流信号转换为电压信号。转换后输出的电压值为 $-D \times V_{REF}/255$，其中 D 为输出的数据字节，将输出的字节值先从 0～255 递增，再从 255～0 递减，如此循环，输出电压值先由 0 V～5 V 递减，再从 5 V～0 V，依次循环，就可以形成三角波。

3. 实验原理图

实验原理图如图 2.11 所示。

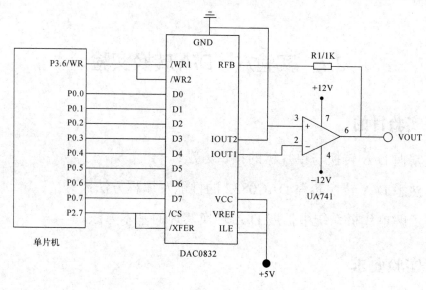

图 2.11　实验原理图

4. 实验步骤

(1) 实验接线如图 2.11 所示；

(2) 根据实验内容编写运行程序，并调试运行；

(3) 观察实验结果。

5. 问题思考

完成实验后请读者思考如图 2.12 所示的问题。

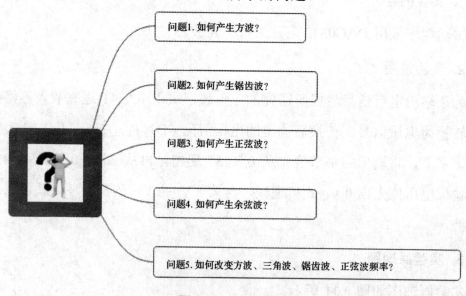

图 2.12　问题思考

2.8　实验七　A/D 转换实验

2.8.1　实验目的

(1) 掌握 A/D 转换与单片机的接口方法；

(2) 了解 A/D 转换芯片 ADC0809 转换器的性能及编程方法；

(3) 通过实验了解单片机如何进行数据采集。

2.8.2　实验要求

(1) 根据实验内容画出程序流程图，并在 Keil C51 平台上开发单片机应用程序；

(2) 应用 Proteus 仿真软件绘制原理图，并进行仿真调试；

(3) 在单片机实验室设备正确连线后，下载程序调试运行；

(4) 感兴趣的读者可 DIY 实验板，并调试运行。

2.8.3　实验描述

1. 实验内容

以 AT89C51 单片机作为控制核心，用 ADC0809 作为 A/D 转换器对电位器上在 0～5 V 范围内变化的直流电压进行测量，用数码管显示测量结果，实现数字电压表的功能。编写程序实现实验要求。

2. 实验说明

根据题目要求，直流数字电压表硬件电路原理图如图 2.13 所示。实验采用 ADC0809 作为 A/D 转换器进行直流电压测量，ADC0809 的数据输出直接接单片机的 P1 口，用单片机的定时器 0 在 P3.3 引脚输出方波，以此方波作为时钟信号。转换结束信号可以使用查询方式，也可以使用中断方式，可将

EOC 接 P3.1,采用查询方式检测转换结束信号。ADC0809 转换器的转换结果显示在三位八段共阳数码显示电路上,八段码的段选信号接单片机的 P0 口,位选信号 COM1、COM2、COM3 分别连接 P2 口的 P2.5、P2.6、P2.7。电位器输入电压信号接于 ADC0809 的模拟输入通道 IN0 端。

3. 实验原理图

实验原理图如图 2.13 所示。

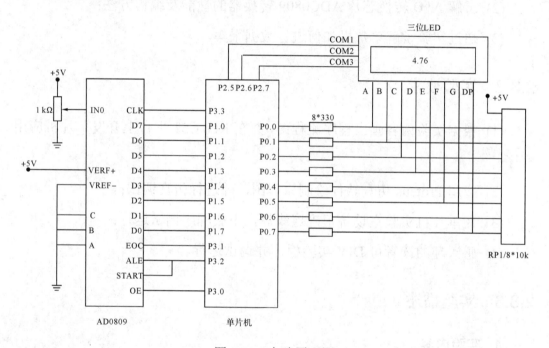

图 2.13　实验原理图

4. 实验步骤

(1) 实验接线如图 2.13 所示;

(2) 根据实验内容编写运行程序,并调试运行;

(3) 观察实验结果。

5. 问题思考

完成实验后请读者思考如图 2.14 所示的问题。

问题1. 如果 ADC0809 转换结果采用中断方式读取，如何实现？

问题2. 如何系统 LED 显示采用静态显示方式，如何实现？

问题3. ADC0809 芯片所需要的时钟 CLK 信号频率还可以采用什么方法产生？

问题4. 如果 ADC0809 模式输入通道IN 0~IN7 接连八个 0~5V 的直流电压信号,如何实现八通道模拟信号循环采集？

问题5. 如果 ADC0809 模拟输入通道输入的是 4~20 mA 直流电流信号，该直流电流信号是否可以直接接入 ADC0809 模拟输入通道？ 若不能，如何将该电流信号变换成相应的直流电压信号？

图 2.14　问题思考

第 3 章　设 计 型 实 验

3.1　设计型实验简介

3.1.1　教学目标

(1) 进一步熟悉单片机的硬件资源与程序编写方法；

(2) 初步掌握单片机产品设计步骤与开发过程；

(3) 初步掌握简单的单片机产品硬件设计方法；

(4) 初步掌握简单的单片机产品软件设计方法；

(5) 提高学生分析问题与解决问题的能力；

(6) 提高学生理论联系实际的能力；

(7) 进一步激发学生的学习兴趣；

(8) 为后续工程型实验的有效实施与教学目标达成打下坚实基础。

3.1.2　教学内容

设计型实验项目及计划学时安排如表 3-1 所示。

表 3-1　验证型实验项目及计划学时安排

序号	实 验 项 目	计划学时
实验一	电子钟设计	4
实验二	简易四则运算计算器设计	4

3.1.3　实验考核与评价

实验考核与评价标准见附录 5。

3.2 实验一 电子钟设计

3.2.1 实验目的

(1) 掌握串行实时时钟的原理及应用；

(2) 了解 I^2C 总线标准以及与单片机接口设计；

(3) 熟悉在 KEIL C51 开发平台上建立、编译、链接、调试及运行 C 语言程序的方法和步骤。

3.2.2 实验要求

(1) 根据实验内容设计硬件电路，画出程序流程图，并在 Keil C51 平台上开发单片机应用程序；

(2) 应用 Proteus 仿真软件绘制原理图，并进行仿真调试；

(3) 在单片机实验室设备正确连线后，下载程序调试运行；

(4) 感兴趣的读者可 DIY 实验板，并调试运行。

3.2.3 实验描述

1. 实验内容

(1) 利用 PCF8563 串行实时时钟芯片制作一个数字钟，在液晶显示器 LCD1602 上显示"年：月：日"与"时：分：秒"。

(2) 电子钟设有 S1～S4 四个按键，按键功能定义如下：

S1：退出时间设置模式；

S2：进入时间设置模式；

S3：加 1 操作；

S4：减 1 操作。

2. 实验说明

PCF8563 是 PHILIPS 公司推出的一款工业级内含 I^2C 总线接口功能的具

有极低功耗的多功能时钟/日历芯片。其具有多种报警功能、定时器功能、时钟输出功能以及中断输出功能，能完成各种复杂的定时服务。同时，其内嵌的字地址寄存器会自动产生增量。因此被广泛用于工控仪表、便携式仪器等产品领域，其主要特点如下：

(1) 宽电压范围 1.0 V～5.5 V，复位电压标准值 Vlow = 0.9 V；

(2) 超低功耗；

(3) 可编程时钟输出频率为：32.768 kHz、1024 Hz、32 Hz、1 Hz；

(4) 四种报警功能和定时器功能；

(5) 内含复位电路振荡器电容和掉电检测电路；

(6) 开漏中断输出。

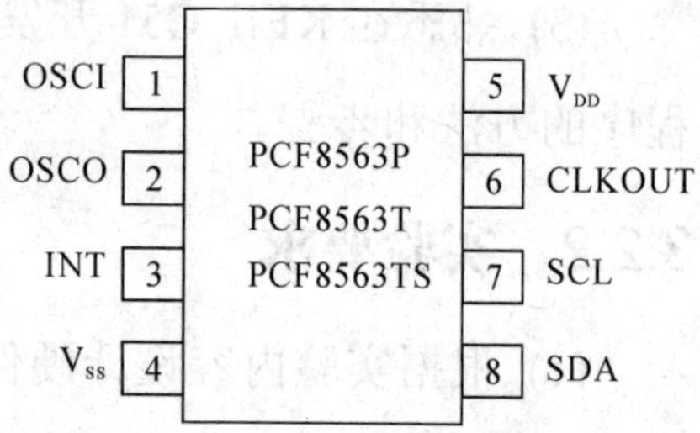

PCF8563 的管脚排列如图 3.1 所示。

PCF8563 的各管脚功能如表 3-2 所示。

图 3.1　PCF8563 的管脚排列

表 3-2　PCF8563 管脚功能

管脚号	符　号	功能描述
1	OSCI	振荡器输入
2	OSCO	振荡器输出
3	INT	终端输出(低电平有效)
4	V_{SS}	地
5	SDA	串行数据 IO
6	SCL	串行时钟输入
7	CLKOUT	时钟输出
8	V_{DD}	正电源

PCF8563 有 16 个位寄存器，一个可自动增量的地址寄存器，一个内置 32.768 kHz 的振荡器，带有一个内部集成的电容，一个分频器用于给实时时钟

RTC 提供源时钟，一个可编程时钟输出，一个定时器，一个报警器，一个掉电检测器和一个 400 kHz 的 I²C 总线接口。

将 PCF8563 内的 16 个位寄存器设计成可寻址的 8 位并行寄存器，但不是所有位都有用。现对其地址进行简要说明，具体如下：

(1) 前两个寄存器内存地址 00H 和 01H 用于控制寄存器和状态寄存器。

(2) 02H～08H 内存地址用于时钟计数器秒～年计数器地址。

(3) 09H～0CH 用于报警寄存器(需定义报警条件)。

(4) 0DH 地址控制 CLKOUT 管脚的输出频率。

(5) 0EH 和 0FH 地址分别用于定时器控制寄存器和定时器寄存器。

此外，秒、分钟、小时、日、月、年、分钟报警、小时报警、日报警寄存器编码格式为 BCD，星期和星期报警寄存器不以 BCD 格式编码。

当 PCF8563 内部的一个寄存器被读时所有计数器的内容被锁存，因此在传送条件下可以禁止对时钟日历芯片的错读。

各寄存器概况如表 3-3 所示。 其中标明"-"的位无效，标明"O"的位应置逻辑。

表 3-3　各寄存器概况

地址	寄存器名称	Bit7	Bit6	Bit5	Bit4	Bit3	Bit2	Bit1	Bit0
00H	控制/状态寄存器 1	TEST	O	STOP	O	TESTC	O	O	O
01H	控制/状态寄存器 2	O	O	O	TI/TP	AF	TF	AIE	TIE
0DH	CLKOUT 频率寄存器	FE	—	—	—	—	—	FD1	FD0
0EH	定时器控制寄存器	TE	—	—	—	—	—	TD1	TD0
0FH	定时器倒计数数值寄存器	定时器倒计数值							

控制/状态寄存器 1(地址 00H)位描述：

TEST1：TEST1 = 0，普通模式。

TEST1 = 1，EXT_CLK 测试模式。

STOP：STOP = 0，芯片时钟运行；STOP = 1，所有芯片分频器异步置逻辑 0，芯片时钟停止运行。

TESTC：TESTC = 0，电源复位功能失效(普通模式时置逻辑 0)。TESTC = 1，电源复位功能有效。其余位置逻辑 0。

BCD 格式寄存器概况如表 3-4 所示。

表 3-4　BCD 格式寄存器概况

地址	寄存器名称	Bit7	Bit6	Bit5	Bit4	Bit3	Bit2	Bit1	Bit0
02H	秒	VL	00~59BCD码格式数						
03H	分钟	—	00~59BCD码格式数						
04H	小时	—	—	—	00~59BCD码格式数				
05H	日	—	—	—	—	01~31BCD码格式数			
06H	星期	—	—	—	—	—	0~6		
07H	月/世纪	C	—	—	01~12BCD码格式数				
08H	年	00~99BCD码格式数							
09H	分钟报警	AE	00~59BCD码格式数						
0AH	小时报警	AE	—	00~23BCD码格式数					

续表

地址	寄存器名称	Bit7	Bit6	Bit5	Bit4	Bit3	Bit2	Bit1	Bit0
0BH	日报警	AE	—	01~31BCD 码格式数					
0CH	星期报警	AE	—	-	—	—	0~6		

说明：

秒、分钟和小时寄存器的说明如下：

(1) VL：VL = 0，保证准确的时钟/日历数据；VL = 1，不保证准确的时钟/日历数据。

(2) 其余位表示的是 BCD 格式的当前秒数值，值为 00~99，例如：<秒> = 1001001，代表 49 秒。

(3) C：世纪位；C=0 指定世纪数为 20××，C=1 指定世纪数为 19××，"××" 为年寄存器中的值，当年寄存器中的值由 99 变为 00 时，世纪位会改变。

3. 实验原理框图

实验原理框图如图 3.2 所示。

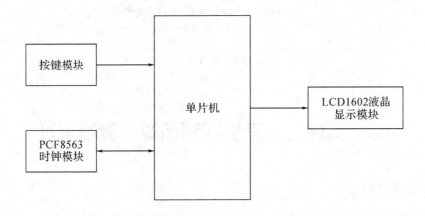

图 3.2　实验原理框图

4. 实验步骤

(1) 根据设计命题要求，查阅相关参考资料，制订总体方案设计；

(2) 进行系统硬件设计，并绘制硬件原理图；

(3) 进行系统软件设计，画出主程序流程图以及子程序流程图，并编写程序；

(4) 在线仿真调试，观察实验结果；

(5) 撰写实验报告。

5. 问题思考

完成实验后请读者思考如图 3.3 所示的问题。

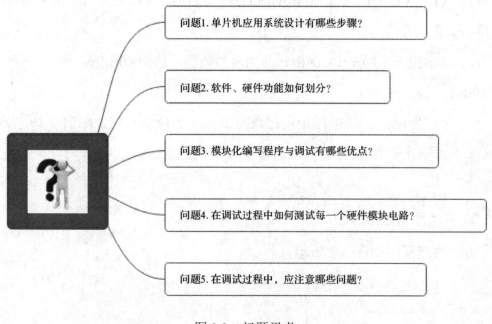

图 3.3　问题思考

3.3　实验二　简易四则运算计算器设计

3.3.1　实验目的

(1) 掌握非编码矩阵式键盘的结构以及单片机接口电路；

(2) 掌握非编码矩阵式键盘的识别过程；

(3) 熟悉在 Keil C51 开发平台上建立、编译、链接、调试及运行 C 语言程序的方法和步骤。

3.3.2 实验要求

(1) 根据实验内容设计硬件电路，画出程序流程图，并在 Keil C51 平台上开发单片机应用程序；

(2) 应用 Proteus 仿真软件绘制原理图，并进行仿真调试；

(3) 在单片机实验室设备正确连线后，下载程序调试运行；

(4) 感兴趣的读者可 DIY 实验板，并调试运行。

3.3.3 实验描述

1. 实验内容

设计一个简易四则运算计算器，采用液晶显示器 LCD1602 显示输入运算数字、运算符号及运算结果。具体要求如下：

(1) 加法运算功能：四位之内整数加法运算。若输入被加数与加数超过四位数，蜂鸣器报警，并在 LCD1602 液晶显示器显示错误提示符 "ERR"；

(2) 减法运算功能：四位之内整数减法运算。若输入被减数与减数超过四位数，蜂鸣器报警，并在 LCD1602 液晶显示器显示错误提示符 "ERR"。如果被减数小于减数，在运算结果之前显示 "-" 符号；

(3) 乘法运算功能：四位之内整数乘法运算。若输入被乘数与乘数超过四位数，蜂鸣器报警，并在 LCD1602 液晶显示器显示错误提示符 "ERR"；

(4) 除法运算功能：四位之内整数除法运算。若输入被除数与除数超过四位数，蜂鸣器报警，并在 LCD1602 液晶显示器显示错误提示符 "ERR"。如果运算结果含有小数，小数部分只保留四位；

(5) 四则简易计算器须有 "清除" 功能。当按下 "清除" 按键时，清除液晶显示器 LCD1602 显示的内容。

2. 实验说明

(1) 数字键为"0""2""1""3""4""5""6""7""8""9";

(2) 运算符号键为"+""－""*""/""=";

(3) 清除键为"C";

(4) 液晶显示器 LCD1602 资料、蜂鸣器驱动可查阅相关手册。

3. 实验原理框图

实验原理框图如图 3.4 所示。

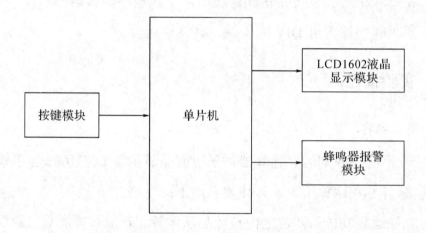

图 3.4　实验原理框图

4. 实验步骤

(1) 根据设计命题要求,查阅相关参考资料,制定总体方案设计;

(2) 进行系统硬件设计,并绘制硬件原理图;

(3) 进行系统软件设计,画出主程序流程图以及子程序流程图,并编写
程序;

(4) 在线仿真调试,观察实验结果;

(5) 撰写实验报告。

5. 问题思考

完成实验后请读者思考如图 3.5 所示的问题。

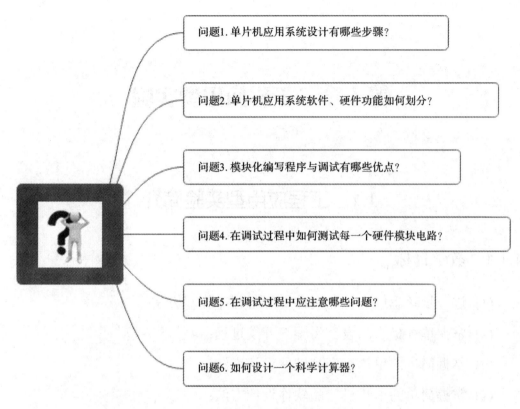

图 3.5 问题思考

第 4 章　工程应用型实验

4.1　工程应用型实验简介

4.1.1　教学目标

(1) 进一步熟悉单片机的硬件资源与程序编写方法；

(2) 掌握单片机产品设计步骤与开发过程；

(3) 掌握简单的单片机产品硬件设计方法；

(4) 掌握简单的单片机产品软件设计方法；

(5) 提高学生分析问题与解决问题的能力；

(6) 进一步激发学生的学习兴趣；

(7) 培养学生理论联系实际的能力、工程实践能力和创新实践能力。

4.1.2　教学内容

工程应用型实验项目及计划学时安排如表 4-1 所示。

表 4-1　工程应用型实验项目及计划学时安排

序号	实 验 项 目	计划学时
实验一	三相交流电机启动/停止控制	15
实验二	单色轻型胶印机控制	15

4.1.3　实验考核与评价

实验考核与评价标准见附录 5。

4.2　实验一　三相交流电机启动/停止控制

4.2.1　实验目的

(1) 了解继电器与接触器的内部结构与工作原理；

(2) 掌握三相交流电机启动/停止控制原理；

(3) 熟悉在 Keil C51 开发平台上建立、编译、链接、调试及运行 C 语言程序的方法和步骤。

4.2.2　实验要求

(1) 根据实验内容设计硬件电路，画出程序流程图，并在 Keil C51 平台上开发单片机应用程序；

(2) 应用 Proteus 仿真软件绘制原理图，并进行仿真调试；

(3) 在单片机实验室设备正确连线后，下载程序调试运行；

(4) 感兴趣的读者可 DIY 实验板，并调试运行。

4.2.3　实验描述

1. 实验内容

(1) 根据三相交流电机启动和停止的状态，在液晶显示器 LCD1602 上显示"启动"与"停止"等电机运行状态信息。

(2) 系统设有 START、STOP 两个按钮，按钮功能定义如下：

START：按下该键时三相交流电机启动；

STOP：按下该键时三相交流电机停止运行。

2. 实验说明

1) 继电器概述

(1) 继电器简介。

继电器(英文名称：relay)是一种电控制器件，是当输入量(激励量)的变化达到规定要求时，在电气输出电路中使被控量发生预定的阶跃变化的一种电器。它具有控制系统(又称输入回路)和被控制系统(又称输出回路)之间的互动关系，通常应用于自动化的控制电路中，实际上是用小电流控制大电流运作的一种"自动开关"，故在电路中起着自动调节、安全保护、转换电路等作用。

(2) 继电器作用。

继电器是具有隔离功能的自动开关元件，广泛应用于遥控、遥测、继电器通讯、自动控制、机电一体化及电力电子设备中，是最重要的控制元件之一。继电器一般都有能反映一定输入变量(如电流、电压、功率、阻抗、频率、温度、压力、速度、光等)的感应机构(输入部分)；有能对被控电路实现"通""断"控制的执行机构(输出部分)；在继电器的输入部分和输出部分之间，还有对输入量进行耦合隔离、功能处理和对输出部分进行驱动的中间机构(驱动部分)。

作为控制元件，概括起来，继电器有如下几种作用：

① 扩大控制范围：例如，多触点继电器控制信号达到某一定值时，可以按触点组的不同形式，同时换接、开断、接通多路电路。

② 放大：例如，灵敏型继电器、中间继电器等，用一个很微小的控制量，可以控制很大功率的电路。

③ 综合信号：例如，当多个控制信号按规定的形式输入多绕组继电器时，经过比较综合，达到预定的控制效果。

④ 自动、遥控、监测：例如，自动装置上的继电器与其他电器一起，可以组成程序控制线路，从而实现自动化运行。

(3) 电磁式继电器的结构。

电磁式继电器的结构示意图如图 4.1 所示。

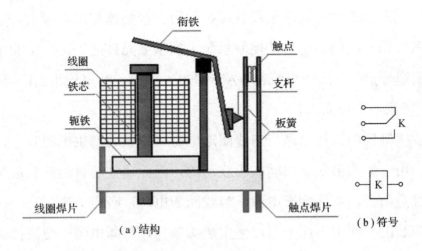

图 4.1　电磁式继电器的结构示意图

常见的电磁式继电器的实物图如图 4.2 所示。

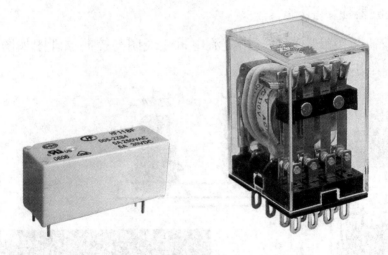

图 4.2　常见的电磁式继电器的实物图

2) 接触器概述

(1) 接触器简介。

接触器分为交流接触器(电压 AC)和直流接触器(电压 DC),它应用于电力、配电与用电场合。接触器广义上是指工业电中利用线圈流过电流产生磁场,使触头闭合,以达到控制负载的电器。它是可频繁地接通与关断大电流控制(达800 A)电路的装置,所以经常运用于电动机作为控制对象,也可用作控制工厂设备、电热器、工作母机和各样电力机组等电力负载,接触器不仅能接通和切断电路，而且还具有低电压释放保护作用。接触器控制容量大，适用于频繁操作和远距离控制，是自动控制系统中的重要元件之一。在工业电气中，接触器的型号很多，工作电流在 5 A～1000 A 不等，其用处相当广泛。

(2) 接触器工作原理。

交流接触器的工作原理：当线圈通电时，静铁芯产生电磁吸力，将动铁芯吸合，由于触头系统是与动铁芯联动的，因此动铁芯带动三条动触片同时运行，触点闭合，从而接通电源。当线圈断电时，吸力消失，动铁芯联动部分依靠弹簧的反作用力而分离，使主触头断开，切断电源。交流接触器的铁芯用硅钢片叠铆而成，而且它的激磁线圈设有骨架，使铁芯与线圈隔离并将线圈制成短而厚的矮胖型，这样有利于铁芯和线圈的散热。

(3) 接触器应用举例。

应用按钮与接触器控制三相交流电机接线图与控制原理图如图 4.3 所示。

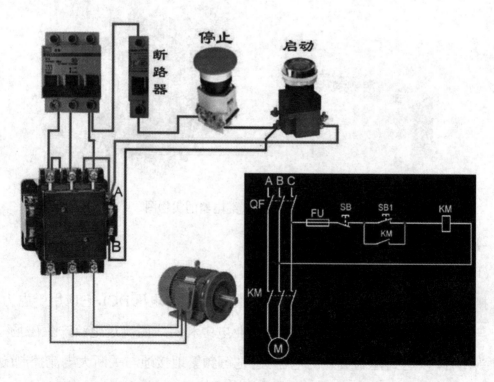

图 4.3　应用按钮与接触器控制三相交流电机接线图与控制原理图

常见的交流接触器实物图如图 4.4 所示。

图 4.4　常见的交流接触器实物图

3) 按钮概述

(1) 按钮简介。

按钮是一种常用的控制电器元件，常用来接通或断开控制电路(其中电流很小)，从而达到控制电动机或其他电气设备运行的目的。

按钮可分为：

① 常开按钮——开关触点断开的按钮。

② 常闭按钮——开关触点接通的按钮。

③ 常开常闭按钮——开关触点既有接通也有断开的按钮。

④ 动作点击按钮——鼠标点击按钮。

按钮也称为按键，是一种电闸(或称开关)，用来控制机械或程序的某些功能。一般而言，红色按钮是用来使某一功能停止，而绿色按钮，则可开始某一项功能。按钮的形状通常是圆形或方形。

电子产品大都有用到按键这个最基本人机接口工具，随着工业水平的提升与创新，按键的外观也变的越来越多样化，具有丰富的视觉效果。

(2) 工作原理。

按钮由按键、动作触头、复位弹簧、按钮盒组成。对于常开触头，在按钮未被按下前，电路是断开的，按下按钮后，常开触头被连通,电路也被接通；对于常闭触头，在按钮未被按下前，触头是闭合的，按下按钮后，触头被断开，电路也被分断。由于控制电路工作的需要，一只按钮还可带有多对同时动作的触头。

按钮是一种人工控制的主令电器，主要用来发布操作命令，接通或开断控制电路，控制机械与电气设备的运行。按钮的工作原理示意图如图 4.5 所示。

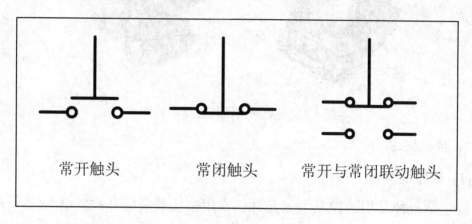

常开触头　　　　　　常闭触头　　　　常开与常闭联动触头

图 4.5　按钮的工作原理示意图

(3) 按钮实物图。

常见按钮实物图如图 4.6 所示。

图 4.6　常见按钮实物图

4) 三相异步交流电机概述

(1) 三相异步电机简介。

三相异步电机(Triple-phase asynchronous motor)是感应电动机的一种，是

靠同时接入 380 V 三相交流电流(相位差 120 度)供电的一类电动机，由于三相异步电动机的转子与定子旋转磁场以相同的方向、不同的转速成旋转，存在转差率，所以称为三相异步电动机。三相异步电动机转子的转速低于旋转磁场的转速，转子绕组因与磁场间存在着相对运动而产生电动势和电流，并与磁场相互作用产生电磁转矩，实现能量变换。

与单相异步电动机相比，三相异步电动机运行性能好，并可节省各种材料。按转子结构的不同，三相异步电动机可分为笼式和绕线式两种。笼式转子的异步电动机结构简单、运行可靠、重量轻、价格便宜，得到了广泛的应用，其主要缺点是调速困难。绕线式三相异步电动机的转子和定子一样也设置了三相绕组并通过滑环、电刷与外部变阻器连接。调节变阻器电阻可以改善电动机的起动性能和调节电动机的转速。

(2) 三相异步电机工作原理。

当向三相定子绕组中通入对称的三相交流电时，就产生了一个以同步转速 n1 沿定子和转子内圆空间作顺时针方向旋转的旋转磁场。由于旋转磁场以 n1 转速旋转，转子导体开始时是静止的，故转子导体将切割定子旋转磁场而产生感应电动势(感应电动势的方向用右手定则判定)。由于转子导体两端被短路环短接，在感应电动势的作用下，转子导体中将产生与感应电动势方向基本一致的感应电流。转子的载流导体在定子磁场中受到电磁力的作用(力的方向用左手定则判定)。电磁力对转子轴产生电磁转矩，驱动转子沿着旋转磁场方向旋转。

通过上述分析可以总结出电动机工作原理为：当电动机的三相定子绕组(各相差 120 度电角度)，通入三相对称交流电后，将产生一个旋转磁场，该旋转磁场切割转子绕组，从而在转子绕组中产生感应电流(转子绕组是闭合通路)，载流的转子导体在定子旋转磁场作用下将产生电磁力，从而在电机转轴上形成电磁转矩，驱动电动机旋转，并且电机旋转方向与旋转磁场方向相同。

(3) 三相交流异步电动机实物。

三相交流异步电动机实物及内部组成示意图如图 4.7 所示。

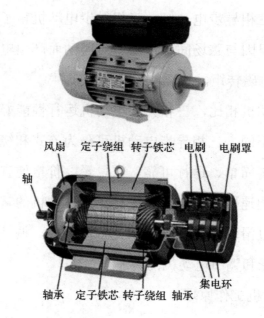

风扇　定子绕组　转子铁芯　电刷　电刷罩

轴

轴承　定子铁芯　转子绕组　轴承

集电环

图 4.7　三相交流异步电动机实物及内部组成示意图

3. 实验原理框图

1) 实验总体设计方案框图

实验总体设计方案框图如图 4.8 所示。

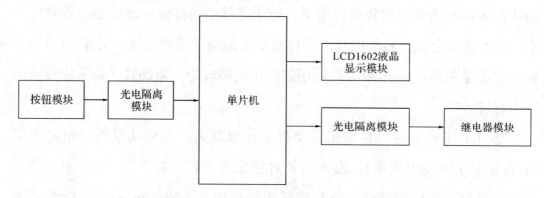

图 4.8　实验总体设计方案框图

2) 按钮模块与单片机接口电路图

按钮模块部分中的电机启动按钮 START、电机停止按钮 STOP 与单片机接口电路图分别如图 4.9 与 4.10 所示。

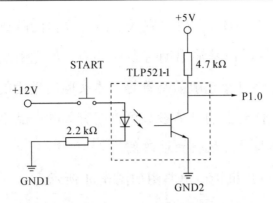

图 4.9 电机启动按钮与单片机接口电路

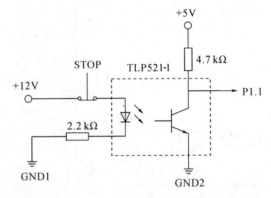

图 4.10 电机停止按钮与单片机接口电路

说明：开关信号是一种常见的信号，它们来自开关器件的输入，如拨盘开关、扳键开关、继电器的触点等。当计算机输出的对象是具有开关状态的设备时，计算机的输出就应为开关量。一个开关只需 1 位二进制数(0 或 1)就可以表示其两个状态(开或关)。开关量的输入与输出，从原理上讲十分简单。CPU 只要通过对输入信息分析是 "1" 还是 "0"，即可知开关是合上还是断开。如果控制某个执行器的工作状态，只需送出 "0" 或 "1"，即可由操作机构执行。

在单片机应用系统中，为防止工业现场强电磁的干扰或工频电压通过输出通道反串到测控系统，一般采用通道隔离技术。输入/输出通道的隔离最常用的是光电耦合器，简称光耦。光电耦合器是以光为媒介传输信号的器件，它把一个发光二极管和一个光敏三极管封装在一个管壳内，发光二极管加上正向输入电压信号(＞1.1 V)就会发光。光信号作用在光敏三极管基极，产生基极光电流，使三极管导通，输出电信号，光电耦合器的输入电路与输出电路是绝缘的。一个光电耦合器可以完成一路开关量的隔离。光电耦合器的输入侧都是发光二极管，但是输出侧有多种结构，如光敏晶体管、达林顿型晶体管、TTL 逻辑电路以及光敏晶闸管等。本实验所使用的光电耦合器型号为TLP521-1 型。光电耦合器的具体参数可查阅有关的产品手册。

3) 继电器模块与单片机接口电路图

继电器模块与单片机接口电路图如图 4.11 所示。

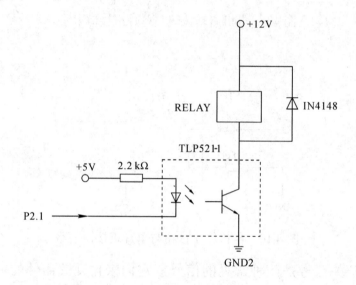

图 4.11　继电器模块与单片机接口电路图

4) 三相交流电机主回路原理图

交流接触器线圈控制回路原理图如图 4.12 所示，交流电机主回路电路图如图 4.13 所示。

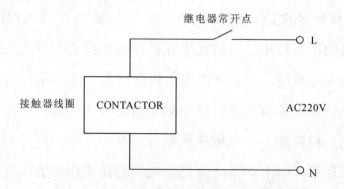

图 4.12　交流接触器线圈控制回路原理图

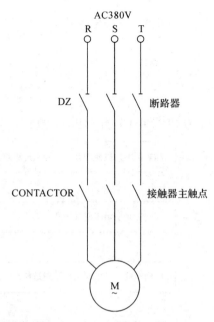

图 4.13　交流电机主回路电路图

工作原理：当按下电机启动按钮 START 时，单片机控制继电器 RELAY 线圈得电，继电器 RELAY 常开触点闭合，交流接触器线圈得电，交流接触器主触点吸合，此时三相交流电机启动；当按下电机停止按钮 STOP 时，单片机控制继电器 RELAY 线圈失电，继电器常开触点断开，交流接触器线圈失电，交流接触器主触点断开，此时三相交流电机停止运行。从而实现三相交流电机的启动/停止控制。

说明：本实验选取直流继电器型号为欧姆龙(OMRON)G5LE-14 DC 12 V (5 A / 250 AC)，交流接触器型号为施耐德 LC1E0910M5N 三相交流接触器，常开，线圈电压 AC 220 V / 50 Hz；三相交流异步电动机型号为浙江益升 Y802-4 型，额定电压 AC 380，额定转速 1440 rpm，额定功率 0.75 kW。

4. 实验步骤

(1) 根据设计命题要求，查阅相关参考资料，制定总体设计方案；

(2) 进行系统硬件设计，并绘制硬件原理图；

(3) 进行系统软件设计，画出主程序流程图以及子程序流程图，并编写程序；

(4) 在线仿真调试继电器控制；

(5) 搭建硬件电路以及主回路，调试运行；

(6) 撰写实验报告。

5. 问题思考

完成实验后请读者思考如图 4.14 所示的问题。

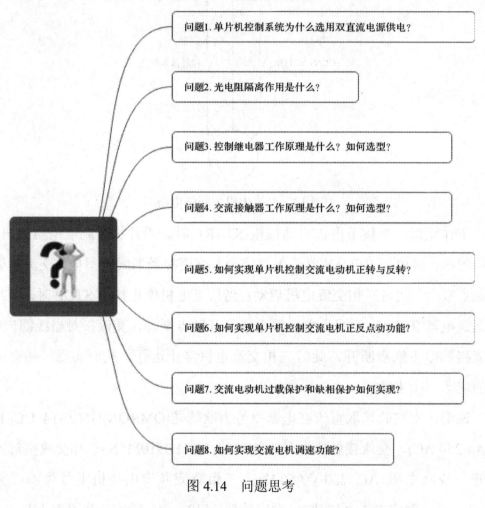

问题1. 单片机控制系统为什么选用双直流电源供电？

问题2. 光电阻隔离作用是什么？

问题3. 控制继电器工作原理是什么？如何选型？

问题4. 交流接触器工作原理是什么？如何选型？

问题5. 如何实现单片机控制交流电动机正转与反转？

问题6. 如何实现单片机控制交流电机正反点动功能？

问题7. 交流电动机过载保护和缺相保护如何实现？

问题8. 如何实现交流电机调速功能？

图 4.14 问题思考

4.3 实验二 单色轻型胶印机控制

4.3.1 实验目的

(1) 通过工程应用型案例实践，熟悉单片机应用系统的开发过程与设计流程；

(2) 熟悉在 Keil C51 开发平台上建立、编译、链接、调试及运行 C 语言程序的方法和步骤。

4.3.2　实验要求

(1) 根据实验内容设计硬件电路，画出程序流程图，并在 Keil C51 平台上开发单片机应用程序；

(2) 应用 Proteus 仿真软件绘制原理图，并进行仿真调试；

(3) 在单片机实验室设备正确连线后，下载程序调试运行；

(4) 感兴趣的读者可 DIY 实验板，并调试运行。

4.3.3　实验描述

1. 实验内容

1) 单色轻型胶印机简介

胶印机 (offset printing press) 是平版印刷机的一种，印刷时印刷图文从印版先印到橡皮滚筒上，然后再由橡皮滚筒转印到纸张上。胶印机按进纸方式不同，可分为单张纸胶印机和卷筒纸胶印机；根据一次走纸完成的印刷色数可以分为单色、双色、四色及多色印刷机；根据承印的最大纸张幅面可以分为小胶印机、六开、四开、对开及全张纸印刷机，此外还有一次走纸可以同时完成两面印刷的双面印刷机。单张纸胶印机是平版印刷机，用于印刷高档次商业印刷品、包装印刷品，是现代纸张印刷的主流。

2) 胶印基本原理

胶印技术利用了油、水不相混合的原理：印刷时，图文部分亲油排水，空白部分亲水排油，图文部分的油墨经橡皮布的转印，在印刷物上留下印迹。油水不相混合，是胶印的基础原理。

胶印印版有很多种，列如平凹版、平凸版、PS 版等。轻印刷常用的印版有 PS 版、氧化锌纸基版和水性纸基版等，不论哪一处印版，其图文部分都是由一层附着在版基上的亲油排水性物质构成，它略微低于或高于空白区，空白部分是在版基表面形成一层亲水斥油的薄膜。

在印版表面，油，水不相混合不是绝对的。在印刷过程中，必须控制油墨和药水的用量，当用量不相适应时，就会破坏油水不相混合的基础，影响印品质量，严重时使印刷无法进行。

轻型胶印机的结构原理：

(1) 水墨分开式。

润版液由水斗辊、传水辊、着水辊独立地传到印版上，传水辊、着水辊的布绒套增强了供水的稳定、连续和均匀性。

分开式的给水、给墨系统为高质量的印刷打下了基础，严格控制供水、供墨量，其印品质量在某些方面可与大胶印媲美。

(2) 定位准确、工作可靠的自动走纸系统。

本系列机器，在给纸部分与印刷机头之间设有过桥。纸张从给纸台上，由吸嘴、送纸胶轮送到过纸桥上，到达印刷机头前，有短暂的停顿，由前规和侧拉规定完成定位，然后，前规下摆让路，由进纸辊将纸送到压印滚筒的叼纸牙内，经印刷由链条式收纸牙排整齐地堆放收纸台上，完成印刷。

(3) 坚固高精度的三个滚筒，一筒固定、印压、版压分别可调，操作方便。

采用经过高精度加工的铸铁滚筒。印版由版夹固定缠绕在版筒挤压对滚，将橡皮布的墨迹转印到纸上。

结构中一个滚筒固定，两个滚筒可调，使印压、版压能方便地调整到合适位置，为保证印品质量和方便操作提供了可能的便利。

3) 胶印工艺流程

胶印工艺流程：

主机启动 ──→ 气泵启动 ──→ 给纸 ──→ 合压/离压 ──→ 喷粉 ──→ 收纸。

4) 胶印机电气控制主要任务

(1) 主电机启动/停止控制，速度控制；

(2) 气泵电机启动/停止控制；

(3) 给纸控制；

(4) 合压/离压控制；

(5) 收纸台升/降控制。

5) 胶印机控制输入/输出设备选型

胶印机控制输入设备选型如表 4-2 所示。

表 4-2　胶印机控制输入设备选型

序号	输入设备名称	型号	数量	生产厂家	备注
1	主电机启动按钮	NP4-11BN/1	1	正泰集团	常开
2	主电机停止按钮	NP4-11BN/4	1	正泰集团	常闭
3	气泵电机启动按钮	NP4-11BN/1	1	正泰集团	常开
4	气泵电机停止按钮	NP4-11BN/4	1	正泰集团	常闭
5	急停开关	NP4-11M/4	1	正泰集团	自锁常闭
6	给纸开关	R3-29	1	宏源开泰	三脚两档双复位
7	合压/离压接近开关	SN20-KP2	1	台湾力科	NPN 型
8	纸张检测漫反射型光电开关	E3Z-D61	1	欧姆龙	NPN 型
9	收纸台对射光电开关	E3JK-TR12-C	1	欧姆龙	NPN 型
10	双张检测微动开关	LXW5-11D2	1	皇润电气	常开
11	安全罩微动开关	LXW5-11G2	2	皇润电气	常开
12	喷粉开关	Y8013-SEBQ	1	宏利源电器	常开
13	喷粉控制检测接近开关	SN20-KP2	1	台湾力科	NPN 型

单色轻型胶印机控制输出设备选型如表 4-3 所示。

表 4-3 单色轻型胶印机控制输出设备选型

序号	输出设备名称	型号	数量	生产厂家	备 注
1	主电机	YE3-80M2-2	1	荣成大洋	三相交流 1.1 kW
2	气泵电机	YL8014	1	台州浪元	单相 0.55 kW-4 极
3	给纸电磁铁	SA-3502	1	辛睿电气	吸力 3.0 N 行程 20 mm AC 220 V
4	双张电磁铁	SA-3502	1	辛睿电气	吸力 3.0 N 行程 20 mm AC 220 V
5	合压电磁铁	SA-3502	1	辛睿电气	吸力 3.0N 行程 20 mm AC 220 V
6	收纸台下降电磁铁	SA-3502	1	辛睿电气	吸力 3.0N 行程 20 mm AC 220 V
7	变频器	VFD-B	1	台达	AC 220 输入，三相输出，1.5 kW
8	纸张计数器	H7EC-NV-B	1	欧姆龙	脉冲输入，输入电压 4～30 V
9	给纸电磁铁控制继电器	HK3FF-DC12V	1	HUIKE	一常开,线圈电压 DC 12 V
11	合压电磁铁控制继电器	HK3FF-DC12V	1	HUIKE	一常开，线圈电压 DC 12 V
12	收纸台电磁铁控制继电器	HK3FF-DC12V	1	HUIKE	一常开，线圈电压 DC 12 V
13	喷粉电磁阀控制继电器	HK3FF-DC12V	1	HUIKE	一常开，线圈电压 DC 12 V
14	气泵电机控制接触器	CJX1-16/22	1	正泰集团	AC 380 V / 16 A，线圈 AC 220 V
15	喷粉电磁阀	DKSL11F	1	上海丹可	单相 AC 220 V

2. 实验说明

在单片机控制系统中，除了模拟信号外，还有一类开关器件的输入输出信号，即开关量信号，这些信号包括各种开关信号，例如开关的闭合与断开、按钮的闭合与断开、交直流继电器吸合与释放、接触器的吸合与释放、工作指示灯的亮与灭、电机的启动与停止、电磁阀的打开与关闭、电磁铁的吸合与释放等，它们的状态都可以用逻辑值"1"和"0"表示。除此之外，开关量信号还包括各种各样的数字传感器、控制器所产生的编码数据及脉冲量。

开关量的输入输出，从原理上讲比较简单，单片机控制系统只要对输入的开关量状态识别是"0"还是"1"，就可以判断开关是闭合还是断开。如果控制某执行器的动作状态，只要使单片机控制系统输出"0"或者"1"，即可控制执行器的动作。

由于工业现场存在着电磁、振动、电源等各种干扰，以及各种输入输出开关量的种类不同，因此在单片机控制系统与开关量输入输出接口电路中，除了根据系统实际需要选用不同的元器件之外，还需要进行各种开关量信号变换电路、电气隔离与驱动电路设计。

1) 开关量输入接口电路简介

(1) 开关量输入接口电路的作用。

开关量输入接口电路的作用说明如下：

① 记录生产过程中按钮、开关、限位开关、行程开关、继电器触点、数字传感器等状态；

② 将生产过程的各种开关信号转换为单片机控制系统能识别与处理的电平，将其通断状态转换成相应的高、低电平，同时还要考虑对信号进行滤波、保护、消除触点抖动，以及进行信号的隔离；

③ 将经过调理的开关量信号由 I/O 口传送给单片机。

(2) 开关量输入接口电路的结构。

开关量输入接口电路的结构如图 4.15 所示。

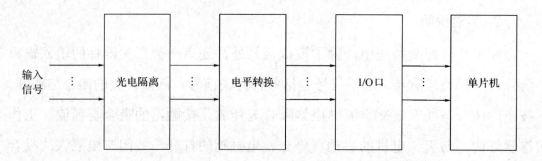

图 4.15　开关量输入接口电路的结构

(3) 开关量输入常见的接口电路。

具有滤波功能输入开关量调理电路如图 4.16 所示。

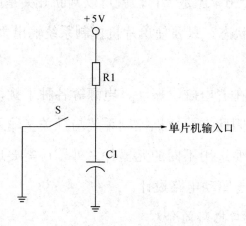

图 4.16　具有滤波功能输入调理电路

具有电平转换、隔离和滤波电路功能的接口电路如图 4.17 所示。

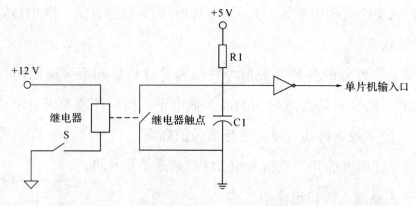

图 4.17　具有电平转换、隔离和滤波电路功能的接口电路

开关、按钮、继电器触点等在闭合与断开时常存在抖动现象，解决这一问题的方法有硬件消除抖动与软件消除抖动两种方法。硬件消除抖动的方法是在开关、按钮、继电器触点等开关量输出通道上添加去抖动电路，从根本上避免电压抖动现象的产生。去抖电路可以是双稳态电路或者滤波电路。软件消除抖动的方法是根据抖动时间的长短进行延时，等待抖动期过去后，再次检测开关、按钮、继电器触点等开关量的状态，如果仍然是闭合状态，才能认为是该开关量闭合，否则认为是一个扰动信号，单片机系统不予处理。开关、按钮、继电器触点等开关量的释放过程与此相同，都需要利用延时进行消除抖动处理。因为软件延时的方法简单易行，而且不需要增加硬件电路，因而在单片机控制系统中被广泛采用。

双稳态消抖电路如图 4.18 所示。

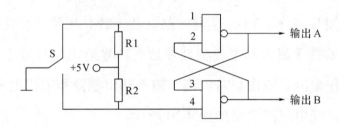

图 4.18　双稳态消抖电路

双稳态消抖电路主要由两个 RS 触发器构成。其工作原理是：当开关 S 处于常闭位置时，1 端为低电平，输出端 A 则为高电平，此时 3、4 端均为高电平，输出端 B 则为低电平，2 端被锁定。这样开关触头即使在常闭端产生抖动，但只要不与常开端连接，B 端(2 端)电位保持不变，则 A 端始终处于高电平。同理，当开关 S 处于常开位置时也是如此。因此，该双稳态电路在开关闭合或者断开时只产生一个脉冲，触点抖动现象被消除。

(4) 输入接口抗干扰隔离电路。

工业生产现场开关量与单片机控制系统输入接口之间一般有较长的传输线路，容易引入强电与电磁干扰。因此信号输入端多采用具有安全保护和抗干扰双重作用的隔离电路，一般采用光电耦合器。光电耦合器的内部结构如

图 4.19 所示。

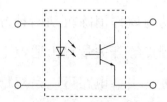

图 4.19　光电耦合器的内部结构

　　光电耦合器是以光媒介传输信号的器件，它把一个发光二极管与一个光敏晶体管封装在一个管壳内。当输入端有电流输入时，发光二极管就会发光。光信号作用在光敏晶体管基极产生基极光电流，使晶体管导通，这样输出端产生相应的电信号。光电耦合器的输入电路与输出电路在电气上是绝缘的，故可以起到隔离干扰的作用。

　　光电耦合器的输入侧都是发光二极管，但输出侧有多种结构。例如光敏晶体管、达林顿晶体管、TTL 逻辑电路以及光敏晶闸管等。光电耦合器的参数可查阅有关器件手册。其主要特性参数有：导通电流与截止电流、频率响应、输出端工作电流、输出端暗电流、输入输出压降和隔离电压。

　　常见的输入光电隔离电路如图 4.20 所示。

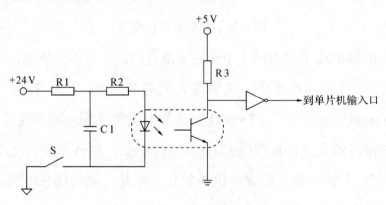

图 4.20　常见的输入光电隔离电路

　　其工作原理是：当开关 S 闭合时，输入端发光二极管因导通而发光，光耦合作用使光敏三极管导通，对应 "0" 状态输入；反之，当开关 S 断开时，发光二极管不发光，光敏三极管截止，对应 "1" 状态输入。

2) 开关量输出接口电路简介

(1) 开关量输出接口电路的作用。

开关量输出接口电路作用说明如下：

① 将单片机输出的 TTL 电平由驱动电路转换为执行机构所需要的输入电信号；

② 控制生产现场具有"两位"状态设备动作(电机的启停、阀门的开闭等)。

(2) 开关量输出接口电路的结构。

开关量输出接口电路主要由 I/O 接口电路、光电隔离电路、输出驱动器等组成。其中光电隔离电路是为了保证单片机控制系统安全、可靠地工作，将单片机与驱动电路的强电及干扰信号隔离；输出驱动器是用以驱动继电器或其他执行机构的功率放大器。开关量输出接口电路的结构如图 4.21 所示。

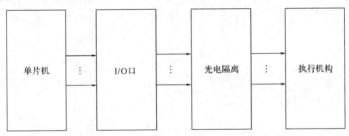

图 4.21　开关量输出接口电路的结构

(3) 输出接口常用的功率开关接口器件与驱动电路。

输出接口常用的功率开关接口器件与驱动电路如下：

① 大功率开关量驱动电路(大功率晶体管、可控硅、功率场效应管、继电器等)；

② 小功率开关量驱动电路(晶体管、达林顿驱动电路、小功率场效应管)；

③ 固态继电器(固态开关、无触点继电器，输出形式：交流和直流)；

④ 线性功率驱动(常用于伺服系统，将信号转换为伺服系统所需功率)；

⑤ 光电耦合器件(实现信号隔离)。

(4) 常见的输出接口电路。

功率晶体管驱动电路如图 4.22 所示。

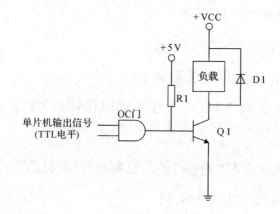

图 4.22　功率晶体管驱动电路

达林顿驱动电路如图 4.23 所示。

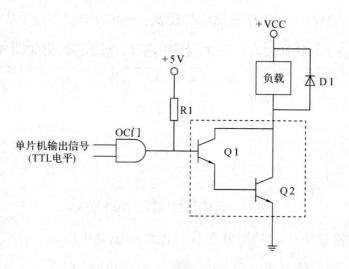

图 4.23　达林顿驱动电路

晶闸管驱动电路如图 4.24 所示。

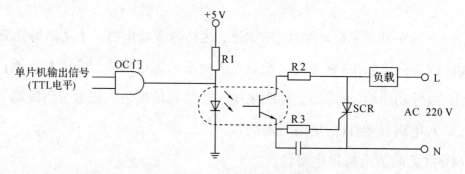

图 4.24　晶闸管驱动电路

继电器驱动电路如图 4.25 所示。

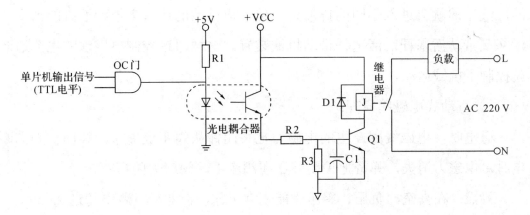

图 4.25　继电器驱动电路

固态继电器驱动电路如图 4.26 所示。

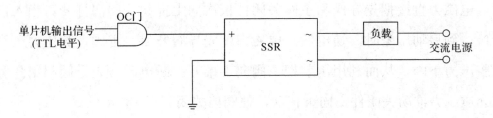

图 4.26　固态继电器驱动电路

3) 电磁阀概述

(1) 电磁阀简介。

电磁阀(Electromagnetic valve)是用电磁控制的工业设备，是用来控制流体、气体的自动化基础元件，属于执行器，并不限于液压、气动，可用在工业控制系统中调整介质的方向、流量、速度和其他的参数。电磁阀可以配合不同的电路来实现预期的控制，而控制的精度和灵活性都能够保证。电磁阀有很多种，不同的电磁阀在控制系统的不同位置发挥作用，最常用的是单向阀、安全阀、方向控制阀、速度调节阀等。

(2) 电磁阀工作原理。

电磁阀里有密闭的腔，在不同位置开有通孔，每个孔连接不同的油管；腔中间是活塞，两面是两块电磁铁，哪面的磁铁线圈通电，阀体就会被吸引到哪边，通过控制阀体的移动来开启或关闭不同的排油孔；而进油孔是常开的，液压油就会进入不同的排油管，然后通过油的压力来推动油缸的活塞，活塞又带动活塞杆，活塞杆带动机械装置。这样通过控制电磁铁的电流通断就控制了机械运动。

① 直动式电磁阀原理：

通电时，电磁线圈产生的电磁力把关闭件从阀座上提起，阀门打开；断电时，电磁力消失，弹簧把关闭件压在阀座上，阀门关闭。

特点：在真空、负压、零压时能正常工作，但通径一般不超过 25 mm。

② 分步直动式电磁阀原理：

它是一种直动和先导式相结合的原理，当入口与出口没有压差时，通电后，电磁力直接把先导阀和主阀关闭件依次向上提起，阀门打开。当入口与出口达到启动压差时，通电后，电磁力使先导阀开启，主阀下腔压力上升，上腔压力下降，从而利用压差把主阀向上推开；断电时，先导阀利用弹簧力或介质压力推动关闭件，向下移动，使阀门关闭。

特点：在零压差或真空、高压时亦可动作，但功率较大，要求必须水平安装。

③ 先导式电磁阀原理：

通电时，依靠电磁力提起阀杆，导阀口打开，此时电磁阀上腔通过先导孔卸压，在主阀芯周围形成上低下高的压差，在压力差的作用下，流体压力推动主阀芯向上移动将主阀口打开；断电时，在弹簧力和主阀芯重力的作用下，阀杆复位，先导孔关闭，主阀芯向下移动，主阀口关闭。

特点：流体压力范围上限较高，可任意安装(需定制)，但必须满足流体压差条件。

(3) 电磁阀分类。

电磁阀从阀的结构和材料上的不同与原理上的区别，分为六个分支小类：直动膜片结构、分步直动膜片结构、先导膜片结构、直动活塞结构、分步直动活塞结构、先导活塞结构。

电磁阀按照功能分类：水用电磁阀、蒸汽电磁阀、制冷电磁阀、低温电磁阀、燃气电磁阀、消防电磁阀、氨用电磁阀、气体电磁阀、液体电磁阀、微型电磁阀、脉冲电磁阀、液压电磁阀、常开电磁阀、油用电磁阀、直流电磁阀、高压电磁阀、防爆电磁阀等。

(4) 电磁阀实物图。

本实验采用的喷粉电磁阀属于气体电磁阀，其实物图如图 4.27 所示。

图 4.27　气体电磁阀实物图

4) 电磁铁概述

(1) 电磁铁简介。

电磁铁是通电产生电磁的一种装置。在铁芯的外部缠绕与其功率相匹配的导电绕组，这种通有电流的线圈像磁铁一样具有磁性，因此它也叫做电磁铁(electromagnet)。我们通常把它制成条形或蹄形状，以使铁芯更加容易磁化。另外，为了使电磁铁断电后立即消磁，往往采用消磁较快的软铁或硅钢材料来制做。这样的电磁铁在通电时有磁性，断电后磁性就随之消失。电磁铁在日常生活中的应用极其广泛。

(2) 电磁铁工作原理。

当在通电螺线管内部插入铁芯后，铁芯被通电螺线管的磁场磁化。磁化后的铁芯也变成了一个磁体，这样由于两个磁场互相叠加，从而使螺线管的磁性大大增强。为了使电磁铁的磁性更强，通常将铁芯制成蹄形。但要注意蹄形铁芯上线圈的绕向相反，一边顺时针，另一边必须逆时针。如果绕向相同，两线圈对铁芯的磁化作用将相互抵消，使铁芯不显磁性。另外，电磁铁的铁芯用软铁制做，而不能用钢制做。否则钢一旦被磁化后，将长期保持磁性而不能退磁，则其磁性的强弱就不能用电流的大小来控制，从而失去电磁铁应有的优点。

电磁铁是可以通过电流来产生磁力的器件，属于非永久磁铁，可以很容易地将其磁性启动或是消除。例如：大型起重机利用电磁铁将废弃车辆抬起。

当电流通过导线时，会在导线的周围产生磁场。应用这一性质，将电流通过螺线管时，则会在螺线管内形成均匀磁场。假设在螺线管的中心置入铁磁性物质，则此铁磁性物质会被磁化，而且会大大增强磁场。

一般而言，电磁铁所产生的磁场与电流大小、线圈圈数及中心的铁磁体有关。在设计电磁铁时，会注重线圈的分布和铁磁体的选择，并利用电流大小来控制磁场。由于线圈的材料具有电阻，这限制了电磁铁所能产生的磁场大小，但随着超导体的发现与应用，将有机会超越现有的限制。

(3) 电磁铁分类。

电磁铁可以分为直流电磁铁和交流电磁铁两大类型。如果按照用途来划分电磁铁，主要可分成以下五种：

① 牵引电磁铁，主要用来牵引机械装置、开启或关闭各种阀门，以执行自动控制任务。

② 起重电磁铁，用作起重装置来吊运钢锭、钢材、铁砂等铁磁性材料。

③ 制动电磁铁，主要用于对电动机进行制动以达到准确停车的目的。

④ 自动电器的电磁系统，如电磁继电器和接触器的电磁系统、自动开关的电磁脱扣器及操作电磁铁等。

⑤ 其他用途的电磁铁，如磨床的电磁吸盘以及电磁振动器等。

(4) 电磁铁的应用。

电磁铁主要应用于电磁起重机、电磁继电器、电铃、磁悬浮列车、扬声器、家用电器等领域。

电磁起重机：电磁铁在实际中最典型的应用就是电磁起重机。把电磁铁安装在起重机上，当电磁铁通电后可产生强大的吸力，从而可吸起一定重量的钢材，并移动到指定位置后，切断电磁铁工作电流，这样就可把钢材放到指定位置。大型电磁起重机一次可以吊起几吨甚至几十吨钢材。

电磁继电器：电磁继电器是由电磁铁来控制继电器常开触点与常闭触点的吸合或断开。使用电磁继电器可以实现用低电压和弱电流来控制高电压和强电流负载，进而达到远程控制的目的。

电铃：当电磁铁线圈得电时，电磁铁吸引弹性片，使铁锤向铁铃方向运动，铁锤打击铁铃而发出声音；如果电磁铁线圈失电，电磁铁磁性消失，铁锤又被弹回，铁铃鸣响停止。如此不断重复，电铃便可发出持续的铃声。

磁悬浮列车：磁悬浮列车是一种采用无接触的电磁悬浮、导向和驱动系统的磁悬浮高速列车系统。它的时速可达到每小时 500 千米以上，是当今世界最快的地面客运交通工具，具有速度快、爬坡能力强、能耗低、运行噪音低、安全舒适、污染少等优点。磁悬浮列车利用磁的基本原理悬浮在导轨上，可代替之前的钢轮和轨道列车。磁悬浮技术利用电磁力将整个列车车厢托起，摆脱了轨道摩擦力，实现与轨道无接触的快速行驶。

扬声器：扬声器是把电信号转换成声音信号的一种装置，主要由固定的永久磁体、线圈和锥形纸盆构成。当声音以音频电流的形式通过扬声器的线圈时，扬声器上的磁铁产生的磁场对线圈产生力的作用，线圈便会因电流强弱的变化产生不同频率的振动，进而带动纸盆发出不同频率和强弱的声音，纸盆将振动通过空气传播出去，于是就产生了我们听到的声音。

家用电器：如电冰箱、洗衣机、吸尘器、密码锁等家用电器都装有电磁铁。比如全自动洗衣机的进水、排水阀门和卫生间里感应式冲水器阀门，也都采用电磁铁控制。

(5) 电磁铁实物图

单色轻型胶印机所使用的给纸电磁铁、双张电磁铁、合压电磁铁以及收纸台下降电磁铁均为牵引电磁铁。牵引电磁铁实物图如图 4.28 所示。

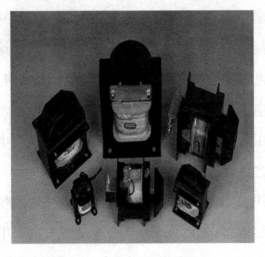

图 4.28　牵引电磁铁实物图

5) 继电器、按钮、三相异步电动机概述

继电器、按钮、三相异步电动机详细介绍参见 4.2 相关内容，在此不再赘述。

6) 光电开关概述

(1) 光电开关简介。

光电开关是传感器的一种，它把发射端和接收端之间光的强弱变化转化为电流的变化以达到探测的目的。由于光电开关输出回路和输入回路是电隔离的(电绝缘)，所以它可以在许多场合得到广泛应用。采用集成电路技术和SMT 表面安装工艺而制造的新一代光电开关器件，具有延时、展宽、外同步、抗相互干扰、可靠性高、工作区域稳定和自诊断等智能化功能。这种新颖的光电开关是一种采用脉冲调制的主动式光电探测系统型电子开关，它所使用的冷光源有红外光、红色光、绿色光和蓝色光等，可非接触、无损伤地迅速和控制各种固体、液体、透明体、黑体、柔软体和烟雾等物质的状态和动作。

具有体积小、功能多、寿命长、精度高、响应速度快、检测距离远以及抗光、电、磁干扰能力强的优点。

(2) 光电开关工作原理。

反射式光电开关的工作原理是由振荡回路产生的调制脉冲经反射电路后，然后用数字积分光电开关或 RC 积分方式排除干扰，最后经延时(或不延时)触发驱动器输出光电开关控制信号。

利用光学元件，在传播媒介中间使光束发生变化；利用光束来反射物体；使光束发射经过长距离后瞬间返回。光电开关是由发射器、接收器和检测电路三部分组成。发射器对准目标发射光束，发射的光束一般来源于发光二极管(LED)和激光二极管。光束不间断地发射，或者改变脉冲宽度。受脉冲调制的光束辐射强度在发射中经过多次选择，朝着目标不间接地运行。接收器由光电二极管或光电三极管组成。在接收器的前面，装有光学元件如透镜和光圈等。在其后面的是检测电路，它能滤出有效信号和应用该信号。

光电耦合器是以光为媒介传输电信号的一种电-光-电转换器件。它由发光源和受光器两部分组成。把发光源和受光器组装在同一密闭的壳体内，彼此间用透明绝缘体隔离。发光源的引脚为输入端，受光器的引脚为输出端，常见的发光源为发光二极管，受光器为光敏二极管、光敏三极管等。光电耦合器的种类较多，常见有光电二极管型、光电三极管型、光敏电阻型、光控晶闸管型、光电达林顿型、集成电路型等。工作原理在光电耦合器输入端加电信号使发光源发光，光的强度取决于激励电流的大小，此光照射到封装在一起的受光器上后，因光电效应而产生了光电流，由受光器输出端引出，这样就实现了电-光-电的转换。

振荡回路产生的调制脉冲经反射电路后，由发光管辐射出光脉冲。当被测物体进入受光器作用范围时，被反射回来的光脉冲进入光敏三极管。光电开关并在接收电路中，将光脉冲解调为电脉冲信号，再经放大器放大和同步选通整形，然后用数字积分或 RC 积分方式排除干扰，最后经延时(或不延时)

触发驱动器输出光电开关控制信号。光电开关一般都具有良好的回差特性，因而即使被检测物在小范围内晃动也不会影响驱动器的输出状态，从而可使其保持在稳定工作区。同时，自诊断系统还可以显示受光状态和稳定工作区，以随时监视光电开关的工作。

(3) 光电开关分类。

按检测方式可分为漫射式、对射式、镜面反射式、槽式光电开关和光纤式光电开关。

对射型由发射器和接收器组成，结构上两者是相互分离的，在光束被中断的情况下会产生一个开关信号变化，典型的方式是位于同一轴线上的光电开关可以相互分开达 50 米。

漫反射型是当开关发射光束时，目标产生漫反射，发射器和接收器构成单个的标准部件，当有足够的组合光返回接收器时，开关状态发生变化，作用距离的典型值一般到 3 米。有效作用距离是由目标的反射能力、目标表面性质和颜色决定的；当开关由单个元件组成时，较小的装配开支，通常可以达到粗定位；采用背景抑制功能调节测量距离；对目标上的灰尘敏感和对目标变化了的反射性能敏感。

镜面反射是由发射器和接收器构成的一种标准配置，从发射器发出的光束在对面的反射镜被反射，即返回接收器，当光束被中断时会产生一个开关信号的变化。光的通过时间是两倍的信号持续时间，有效作用距离从 0.1 米至 20 米。其特征是：辨别不透明的物体；借助反射镜部件，形成高的有效距离范围；不易受干扰，可以使用在野外或者有灰尘的环境中。

槽式光电开关通常是标准的 U 字型结构，其发射器和接收器分别位于 U 型槽的两边，并形成一光轴，当被检测物体经过 U 型槽且阻断光轴时，光电开关就产生了检测到的开关量信号。槽式光电开关适合检测高速变化，分辨透明与半透明物体。

光纤式光电开关采用塑料或玻璃光纤传感器来引导光线，以实现被检测物体不在相近区域的检测。通常光纤传感器分为对射式和漫反射式。

(4) 光电开关的应用。

光电开关已被用作物位检测、液位控制、产品计数、宽度判别、速度检测、定长剪切、孔洞识别、信号延时、自动门传感、色标检出、冲床和剪切机以及安全防护等诸多领域。此外，利用红外线的隐蔽性，还可在银行、仓库、商店、办公室以及其他需要的场合作为防盗警戒之用。

常用的红外线光电开关是利用物体对近红外线光束的反射原理，由同步回路感应反射回来的光的强弱而检测物体的存在与否来实现其功能。光电传感器首先发出红外线光束到达或透过物体或镜面对红外线光束进行反射，光电传感器接收反射回来的光束，根据光束的强弱判断物体的存在。红外光电开关的种类也非常多，一般来说有镜反射式光电开关、漫反射式、槽式、对射式、光纤式等几个主要种类。

在不同的场合使用不同的光电开关，例如在电磁振动供料器上经常使用光纤式光电开关，在间歇式包装机包装膜的供送中经常使用漫反射式光电开关，在连续式高速包装机中经常使用槽式光电开关。

(5) 光电开关实物图。

单色轻型胶印机的离合压控制所使用的光电开关为漫反射型光电开关；收纸台自动下降检测使用的光电开关为对射型光电开关。漫反射型光电开关实物图如图 4.29 所示；对射型光电开关实物图如图 4.30 所示。

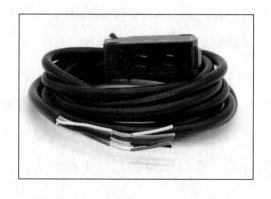

图 4.29　漫反射型光电开关实物图

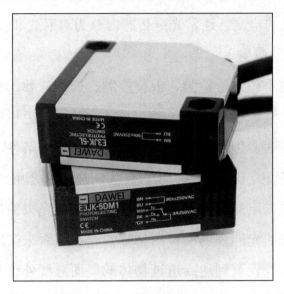

图 4.30　对射型光电开关实物图

7) 接近开关

(1) 接近开关简介。

接近开关是一种无需与运动部件进行机械直接接触而可以操作的位置开关。当物体接近开关的感应面到动作距离时，不需要机械接触及施加任何压力即可使开关动作，从而驱动直流电器或给计算机装置提供控制指令。接近开关是一种开关型传感器(无触点开关)，它既有行程开关、微动开关的特性，同时具有传感性能，且动作可靠、性能稳定、频率响应快、应用寿命长、抗干扰能力强等，并具有防水、防震、耐腐蚀等特点。产品有电感式、电容式、霍尔式、交直流型。

接近开关又称无触点接近开关，是理想的电子开关量传感器。当金属检测体接近开关的感应区域时，开关就能无接触、无压力、无火花、迅速地发出电气指令，准确反应出运动机构的位置和行程，即使用于一般的行程控制，其定位精度、操作频率、使用寿命、安装调整的方便性和对恶劣环境的适用能力，是一般机械式行程开关所不能相比的。它广泛地应用于机床、冶金、化工、轻纺和印刷等行业。在自动控制系统中可作为限位、计数、定位控制和自动保护环节等。

(2) 接近开关的性能特点。

在各类开关中，有一种对接近它的物件有感知能力的元件——位移传感器。利用位移传感器对接近物体的敏感特性达到控制开关通或断的目的，这就是接近开关。

当有物体移向接近开关，并接近到一定距离时，位移传感器才有感知，开关才会动作。通常把这个距离称为检出距离。不同的接近开关检出距离也不相同。

有时被检测的物体是按一定的时间间隔，一个接一个地移向接近开关，又一个一个地离开，这样不断地重复。不同的接近开关，对检测对象的响应能力是不同的。这种响应特性被称为响应频率。

(3) 接近开关的主要种类。

因为位移传感器可以根据不同的原理和不同的方法做成，而不同的位移传感器对物体的"感知"方法也不同，所以常见的接近开关有以下几种：

① 无源接近开关：这种开关不需要电源，通过磁力感应控制开关的闭合状态。当磁或者铁质触发器靠近开关磁场时，和开关内部磁力作用控制闭合。其特点是：不需要电源，非接触式，免维护，环保。

② 涡流式接近开关：这种开关有时也叫电感式接近开关。它是利用导电物体在接近这个能产生电磁场接近开关时，使物体内部产生涡流。这个涡流反作用到接近开关，使开关内部电路参数发生变化，由此识别出有无导电物体移近，进而控制开关的通或断。这种接近开关所能检测到的物体必须是导电体。其工作原理：由电感线圈和电容及晶体管组成振荡器，并产生一个交变磁场，当有金属物体接近这一磁场时就会在金属物体内产生涡流，从而导致振荡停止，这种变化被后极放大处理后转换成晶体管开关信号输出。

③ 电容式接近开关：这种开关的测量通常是构成电容器的一个极板，而另一个极板是开关的外壳。这个外壳在测量过程中通常是接地或与设备的机壳相连接。当有物体移向接近开关时，不论它是否为导体，由于它的接近，

总要使电容的介电常数发生变化，从而使电容量发生变化，使得和测量头相连的电路状态也随之发生变化，由此便可控制开关的接通或断开。这种接近开关检测的对象，不限于导体，可以是绝缘的液体或粉状物等。

④ 霍尔接近开关：霍尔元件是一种磁敏元件。利用霍尔元件做成的开关，叫做霍尔开关。当磁性物件移近霍尔开关时，开关检测面上的霍尔元件因产生霍尔效应而使开关内部电路状态发生变化，由此识别附近有磁性物体存在，进而控制开关的通或断。这种接近开关的检测对象必须是磁性物体。

⑤ 光电式接近开关：利用光电效应做成的开关叫光电开关。将发光器件与光电器件按一定方向装在同一个检测头内，当有反光面(被检测物体)接近时，光电器件接收到反射光后输出信号，由此便可感知有物体接近。

⑥ 其他形式的开关：当观察者或系统对波源的距离发生改变时，接近到的波的频率会发生偏移，这种现象称为多普勒效应。声纳和雷达就是利用这个原理制成的。利用多普勒效应可制成超声波接近开关、微波接近开关等。当有物体移近时，接近开关接收到的反射信号会产生多普勒频移，由此可以识别出有无物体接近。

(4) 接近开关的主要功能。

① 检验距离：检测电梯、升降设备的停止、起动、通过位置；检测车辆的位置，防止两物体相撞检测；检测工作机械的设定位置，移动机器或部件的极限位置；检测回转体的停止位置，阀门的开或关位置。

② 尺寸控制：金属板冲剪的尺寸控制装置；自动选择、鉴别金属件长度；检测自动装卸时堆物高度；检测物品的长、宽、高和体积。

③ 检测物体存在有否：检测生产包装线上有无产品包装箱；检测有无产品零件。

④ 转速与速度控制：控制传送带的速度；控制旋转机械的转速；与各种脉冲发生器一起控制转速和转数。

⑤ 计数及控制：检测生产线上通过的产品数；高速旋转轴或盘的转数计

量；零部件计数。

⑥ 检测异常：检测瓶盖有无；判断产品合格与不合格；检测包装盒内的金属制品缺乏与否；区分金属与非金属零件；产品有无标牌检测；起重机危险区报警；安全扶梯自动启停。

⑦ 计量控制：产品或零件的自动计量；检测计量器、仪表的指针范围而控制数或流量；检测浮标控制测面高度、流量；检测不锈钢桶中的铁浮标；仪表量程上限或下限的控制；流量控制；水平面控制。

⑧ 识别对象：根据载体上的码识别是与非。

(5) 接近开关的实物图。

单色轻型胶印机合压/离压控制、喷粉控制采用电容式接近开关，其实物图如图 4.31 所示。

图 4.31　三线电容式接近开关

8) 变频器概述

(1) 变频器简介。

变频器(Variable-frequency Drive，VFD)是应用变频技术与微电子技术通过改变电机工作电源频率方式来控制交流电动机的电力控制设备。

变频器主要由整流(交流变直流)、滤波、逆变(直流变交流)、制动单元、驱动单元、检测单元、微处理单元等组成。变频器靠内部 IGBT 的开断来调整输出电源的电压和频率，根据电机的实际需要来提供其所需要的电源电压，进而达到节能、调速的目的。另外，变频器还有很多的保护功能，如过流、过压、过载保护等。随着工业自动化程度的不断提高，变频器也得到了非常广泛的应用。

(2) 变频器的组成。

变频器主要由主电路、整流器、平波回路、逆变器四部分组成。各组成部分的作用介绍如下：

① 主电路。主电路是给异步电动机提供调压调频电源的电力变换部分，变频器的主电路大体上可分为电压型、电流型两类 。电压型是将电压源的直流变换为交流的变频器，直流回路的滤波是电容。电流型是将电流源的直流变换为交流的变频器，其直流回路滤波是电感。它由三部分构成，将工频电源变换为直流功率的整流器，吸收在变流器和逆变器产生的电压脉动的平波回路，以及将直流功率变换为交流功率的逆变器。

② 整流器。整流器大量使用的是二极管的变流器，它把工频电源变换为直流电源。也可用两组晶体管变流器构成可逆变流器，由于其功率方向可逆，可以进行再生运转。

③ 平波回路。在整流器整流后的直流电压中，含有电源六倍频率的脉动电压，此外逆变器产生的脉动电流也使直流电压变动。为了抑制电压波动，采用电感和电容吸收脉动电压(电流)。当装置容量小时，如果电源和主电路构成器件有余量，可以省去电感采用简单的平波回路。

④ 逆变器。同整流器相反，逆变器是将直流功率变换为所要求频率的交流功率，以所确定的时间使六个开关器件导通、关断就可以得到三相交流输出。

控制电路是给异步电动机供电(电压、频率可调)的主电路提供控制信号的回路，它由频率、电压的运算电路，主电路的电压、电流检测电路，电动机的速度检测电路，将运算电路的控制信号进行放大的驱动电路，以及逆变器和电动机的保护电路组成。

运算电路：将外部的速度、转矩等指令同检测电路的电流、电压信号进行比较运算，决定逆变器的输出电压、频率。

电压、电流检测电路：与主回路电位隔离检测电压、电流等。

驱动电路：驱动主电路器件的电路。它与控制电路隔离使主电路器件导通、关断。

速度检测电路：以装在异步电动机轴机上的速度检测器的信号为速度信号，送入运算回路，根据指令和运算可使电动机按指令速度运转。

保护电路：检测主电路的电压、电流等，当发生过载或过电压等异常时，为了防止逆变器和异步电动机损坏。

(3) 变频器在自动化系统中的应用。

由于变频器内置有 32 位或 16 位的微处理器，具有多种算术逻辑运算和智能控制功能，输出频率精度为 0.1%～0.01%，且设置有完善的检测、保护环节，因此，在自动化系统中获得广泛应用。例如：化纤工业中的卷绕、拉伸、计量、导丝；玻璃工业中的平板玻璃退火炉、玻璃窑搅拌、拉边机、制瓶机；电弧炉自动加料、配料系统以及电梯的智能控制等。变频器在提高工艺和质量方面也得以广泛应用，例如：数控机床控制、汽车生产线、造纸和电梯控制等领域。

(4) 变频器的分类。

① 按输入电压等级分类。变频器按输入电压等级可分低压变频器和高压变频器。低压变频器国内常见的有单相 220 V 变频器、三相 220 V 变频器、三相 380 V 变频器。高压变频器常见的有 6 kV、10 kV 变频器，控制方式一般是按高-低-高变频器或高-高变频器方式进行变换的。

② 按变换频率的方法分类。变频器按频率变换的方法分为交-交型变频器和交-直-交型变频器。交-交型变频器可将工频交流电直接转换成频率、电

压均可以控制的交流，故称直接式变频器。交-直-交型变频器则是先把工频交流电通过整流装置转变成直流电，然后再把直流电变换成频率、电压均可以调节的交流电，故又称为间接型变频器。

③ 按直流电源的性质分类。对于交-直-交型变频器，在主电路电源变换成直流电源的过程中，按直流电源的性质分为电压型变频器和电流型变频器。

(5) 变频器的频率给定方式。

变频器常见的频率给定方式主要有：操作器键盘给定、接点信号给定、模拟信号给定、脉冲信号给定和通讯方式给定等。这些频率给定方式各有优缺点，必须按照实际的需要进行选择设置，同时也可以根据功能需要选择不同频率给定方式进行叠加和切换。

(6) 变频器的控制方式。

低压通用变频输出电压为 380~650 V，输出功率为 0.75~400 kW，工作频率为 0~400 Hz，它的主电路都采用交-直-交电路。其控制方式经历了以下四代。

① 正弦脉宽调制(SPWM)控制方式：其特点是控制电路结构简单，成本较低，机械特性硬度也较好，能够满足一般传动的平滑调速要求，已在产业的各个领域得到广泛应用。但是这种控制方式在低频时，由于输出电压较低，转矩受定子电阻压降的影响比较显著，使输出最大转矩减小。另外，其机械特性终究没有直流电动机硬，动态转矩能力和静态调速性能都还不尽如人意，且系统性能不高，控制曲线会随负载的变化而变化，转矩响应慢，电机转矩利用率不高，低速时因定子电阻和逆变器死区效应的存在而性能下降，稳定性变差等。因此人们又研究出矢量控制变频调速。

② 电压空间矢量(SVPWM)控制方式：它是以三相波形整体生成效果为前提，以逼近电机气隙的理想圆形旋转磁场轨迹为目的，一次生成三相调制波形，以内切多边形逼近圆的方式进行控制。经实践使用后又有所改进，即引入频率补偿，能消除速度控制的误差；通过反馈估算磁链幅值，消除低速时

定子电阻的影响；将输出电压、电流闭环，以提高动态的精度和稳定度。但控制电路环节较多，且没有引入转矩的调节，所以系统性能没有得到根本改善。

③ 矢量控制(VC)方式：矢量控制变频调速的做法是将异步电动机在三相坐标系下的定子电流 I_a、I_b、I_c、通过三相-二相变换，等效成两相静止坐标系下的交流电流 I_{a1}、I_{b1}，再通过按转子磁场定向旋转变换，等效成同步旋转坐标系下的直流电流 I_{m1}、I_{t1}(I_{m1} 相当于直流电动机的励磁电流；I_{t1} 相当于与转矩成正比的电枢电流)，然后模仿直流电动机的控制方法，求得直流电动机的控制量，经过相应的坐标反变换，实现对异步电动机的控制。其实质是将交流电动机等效为直流电动机，分别对速度、磁场两个分量进行独立控制。通过控制转子磁链，然后分解定子电流而获得转矩和磁场两个分量，经坐标变换，实现正交或解耦控制。矢量控制方法的提出具有划时代的意义。然而在实际应用中，由于转子磁链难以准确观测，系统特性受电动机参数的影响较大，且在等效直流电动机控制过程中所用矢量旋转变换较为复杂，使得实际的控制效果难以达到理想分析的结果。

④ 直接转矩控制(DTC)方式：1985 年，德国鲁尔大学的 DePenbrock 教授首次提出了直接转矩控制变频技术。该技术在很大程度上解决了上述矢量控制的不足，并以新颖的控制思想、简洁明了的系统结构、优良的动静态性能迅速发展。该技术已成功地应用在电力机车牵引的大功率交流传动上。直接转矩控制直接在定子坐标系下分析交流电动机的数学模型，控制电动机的磁链和转矩。它不需要将交流电动机等效为直流电动机，因而省去了矢量旋转变换中的许多复杂计算；它不需要模仿直流电动机的控制，也不需要为解耦而简化交流电动机的数学模型。

⑤ 矩阵式交-交控制方式：VVVF 变频、矢量控制变频、直接转矩控制变频都是交-直-交变频中的一种。其共同缺点是输入功率因数低，谐波电流大，直流电路需要大的储能电容，再生能量不能反馈回电网，即不能进行四象限运行。因此，矩阵式交-交变频应运而生。由于矩阵式交-交变频省去了

中间直流环节，从而省去了体积大、价格贵的电解电容。它能实现功率因数为 1，输入电流为正弦且能四象限运行，系统的功率密度大。该技术虽尚未成熟，但仍吸引着众多的学者深入研究。其实质不是间接地控制电流、磁链等量，而是把转矩直接作为被控制量来实现。具体方法是：

* 控制定子磁链引入定子磁链观测器，实现无速度传感器方式；

* 自动识别(ID)依靠精确的电机数学模型，对电机参数自动识别；

* 算出实际值对应的定子阻抗、互感、磁饱和因素、惯量等；对实际的转矩、定子磁链、转子速度进行实时控制；

* 实现 Band-Band 控制：按磁链和转矩的 Band-Band 控制产生 PWM 信号，对逆变器开关状态进行控制。

矩阵式交-交变频具有快速的转矩响应(< 2 ms)、很高的速度精度(±2%，无 PG 反馈)和高转矩精度(< ±3%)；同时还具有较高的起动转矩及高转矩精度，尤其在低速时(包括 0 速度时)，可输出 150%～200%转矩。

(7) 变频器的选用。

选用变频器的类型：按照生产机械的类型、调速范围、静态速度精度、起动转矩的要求，决定选用哪种控制方式的变频器最合适。所谓合适是既要好用，又要经济，以满足工艺和生产的基本条件和要求。

(8) 需要控制的电机及变频器自身。

① 电机的极数。一般电机极数以不多于 4 极为宜，否则变频器容量就要适当加大。

② 转矩特性、临界转矩、加速转矩。在同等电机功率情况下，相对于高过载转矩模式，变频器规格可以降额选取。

③ 电磁兼容性。为减少主电源干扰，使用时可在中间电路或变频器输入电路中增加电抗器，或安装前置隔离变压器。一般当电机与变频器距离超过 50 m 时，应在它们中间串入电抗器、滤波器或采用屏蔽防护电缆。

(9) 变频器功率的选用。

系统效率等于变频器效率与电动机效率的乘积，只有两者都处在较高的效率下工作时，则系统效率才较高。从效率角度出发，在选用变频器功率时，要注意以下几点：

① 变频器功率值与电动机功率值相当时最合适，以利于变频器在高的效率值下运转。

② 在变频器的功率分级与电动机功率分级不相同时，变频器的功率要尽可能接近电动机的功率，但应略大于电动机的功率。

③ 当电动机在频繁起动、制动工作时或处于重载起动且较频繁工作时，可选取大一级的变频器，以利于变频器长期、安全地运行。

④ 经测试，若电动机实际功率确实有富余，可以考虑选用功率小于电动机功率的变频器，但要注意瞬时峰值电流是否会造成过电流保护动作。

⑤ 当变频器与电动机功率不相同时，则必须相应地调整节能程序的设置，以利于达到较高的节能效果。

(10) 变频器实物图。

变频器实物图如图 4.32 所示。

图 4.32　变频器实物图

3. 实验原理框图

1) 实验总体设计方案框图

实验总体设计方案框图如图 4.33 所示。

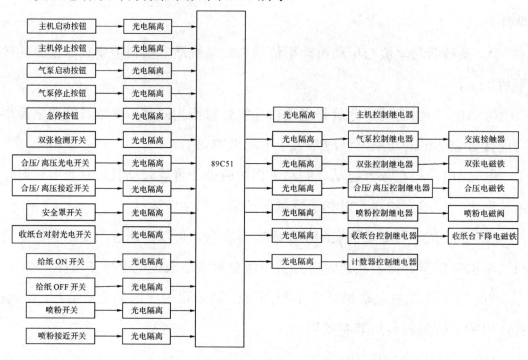

图 4.33　实验总体设计方案框图

2) 主电机启动停止按钮模块与单片机接口电路图

主电机启动按钮 START1、主电机停止按钮 STOP1 与单片机接口电路图分别如图 4.34 与图 4.35 所示。

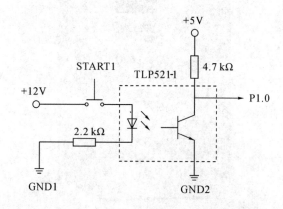

图 4.34　主电机启动按钮 START1 与单片机接口电路图

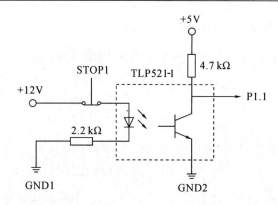

图 4.35　主电机停止按钮 STOP1 与单片机接口电路图

3) 气泵电机启动/停止按钮模块与单片机接口电路图

气泵电机启动按钮 START2、气泵电机停止按钮 STOP2 与单片机接口电路图分别如图 4.36 与图 4.37 所示。

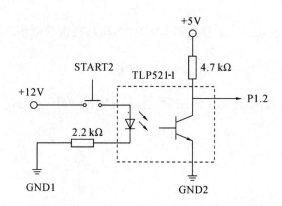

图 4.36　气泵电机启动按钮 START2 与单片机接口电路图

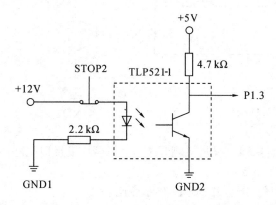

图 4.37　气泵电机停止按钮 STOP2 与单片机接口电路图

4) 急停按钮模块与单片机接口电路图

急停按钮 STOP3 与单片机接口电路图如图 4.38 所示。

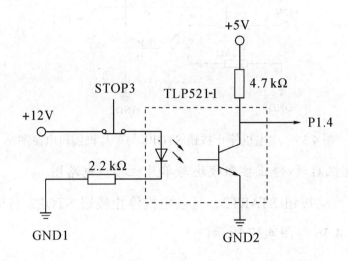

图 4.38　急停按钮 STOP3 与单片机接口电路图

5) 双张检测开关与单片机接口电路图

双张检测开关 K1 与单片机接口电路图如图 4.39 所示。

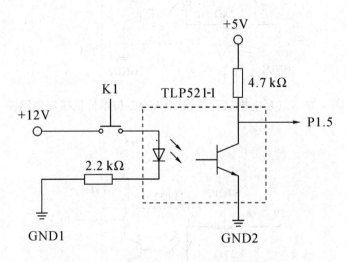

图 4.39　双张检测开关 K1 与单片机接口电路图

6) 合压光电开关与单片机接口电路图

合压光电开关 K2 与单片机接口电路图如图 4.40 所示。

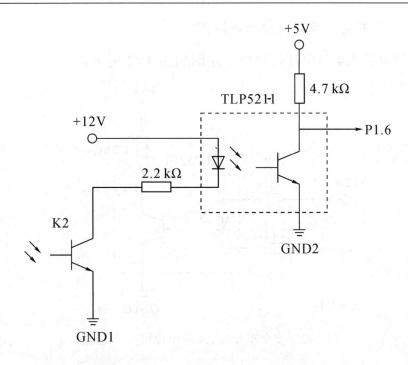

图 4.40　合压光电开关 K2 与单片机接口电路图

7) 合压接近开关与单片机接口电路图

合压接近开关 K3 与单片机接口电路图如图 4.41 所示。

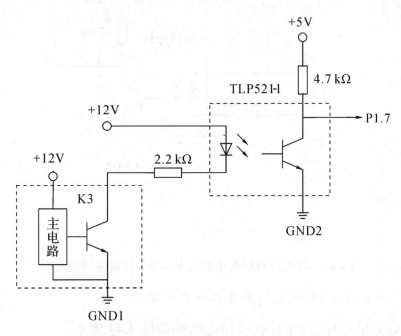

图 4.41　合压接近开关 K3 与单片机接口电路图

8) 安全罩开关与单片机接口电路图

安全罩开关 K4 与单片机接口电路图如图 4.42 所示。

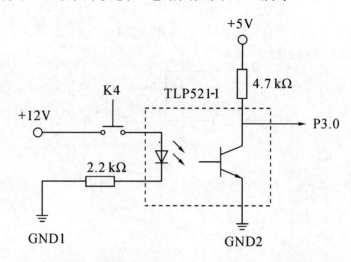

图 4.42　安全罩开关 K4 与单片机接口电路图

9) 收纸台对射光电开关与单片机接口电路图

收纸台对射光电开关 K5 与单片机接口电路图如图 4.43 所示。

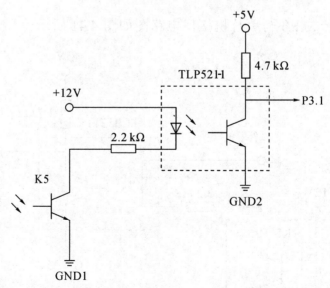

图 4.43　收纸台对射光电开关 K5 与单片机接口电路图

10) 给纸 ON/OFF 开关与单片机接口电路图

给纸 ON 开关 K6 与单片机接口电路图如图 4.44 所示。

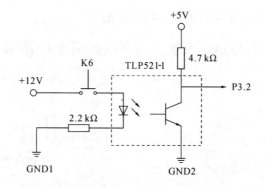

图 4.44　给纸 ON 开关 K6 与单片机接口电路图

给纸 OFF 开关 K7 与单片机接口电路图如图 4.45 所示。

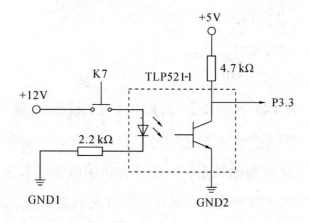

图 4.45　给纸 OFF 开关 K7 与单片机接口电路图

11) 喷粉开关与单片机接口电路图

喷粉开关 K8 与单片机接口电路图如图 4.46 所示。

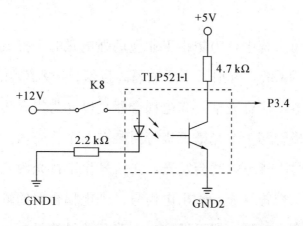

图 4.46　喷粉开关 K8 与单片机接口电路图

12) 喷粉接近开关与单片机接口电路图

喷粉接近开关 K9 与单片机接口电路图如图 4.47 所示。

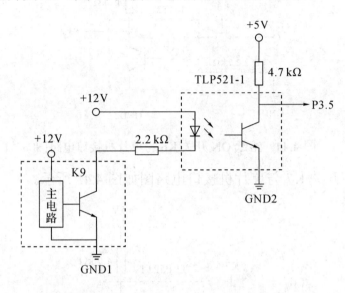

图 4.47　喷粉接近开关 K9 与单片机接口电路图

说明：开关信号是一种常见的信号，它们来自开关器件的输入，如拨盘开关、扳键开关、继电器的触点等。当计算机输出的对象是具有开关状态的设备时，计算机的输出就应为开关量。一个开关只需 1 位二进制数(0 或 1)就可以表示两个状态(开或关)。开关量的输入与输出，从原理上讲十分简单。CPU只要通过对输入信息进行分析，判断其是"1"还是"0"，即可知开关是合上还是断开。如果要控制某个执行器的工作状态，只需送出"0"或"1"，即可由操作机构执行。

在单片机应用系统中，为防止工业现场强电磁的干扰或工频电压通过输出通道反串到测控系统，一般采用通道隔离技术。输入/输出通道的隔离最常用的是光电耦合器，简称光耦。光电耦合器是以光为媒介传输信号的器件，它把一个发光二极管和一个光敏三极管封装在一个管壳内，发光二极管加上正向输入电压信号(＞1.1 V)就会发光。光信号作用在光敏三极管基极，产生基极光电流，使三极管导通，输出电信号，光电耦合器的输入电路与输出电路是绝缘的。一个光电耦合器可以完成一路开关量的隔离。光电耦合器的输入侧都是发光二极管，但是输出侧有多种结构，如光敏晶体管、达林顿型晶体管、TTL 逻辑电路以及光敏晶闸管等。本实验所使用的光电耦合器型号为 TLP521-1 型。光电耦合器的具体参数可查阅有关的产品手册。

13) 主电机控制继电器模块与单片机接口电路图

主电机继电器 J1 与单片机接口电路图如图 4.48 所示。

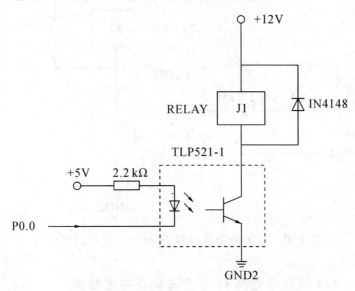

图 4.48　主电机继电器 J1 与单片机接口电路图

14) 气泵电机控制继电器模块与单片机接口电路图

气泵电机控制继电器 J2 与单片机接口电路图如图 4.49 所示。

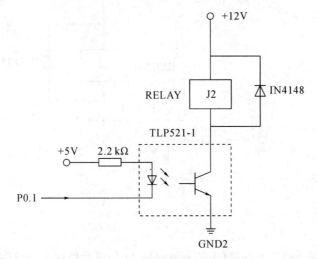

图 4.49　气泵电机控制继电器 J2 与单片机接口电路图

15) 双张控制继电器与单片机接口电路图

双张控制继电器 J3 与单片机接口电路图如图 4.50 所示。

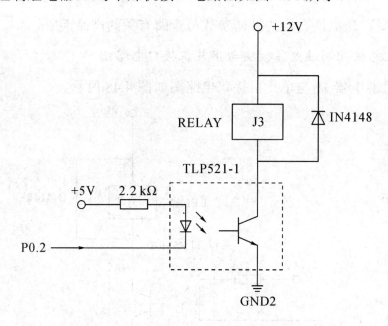

图 4.50　双张控制继电器 J3 与单片机接口电路图

16) 合压/离压控制继电器 J4 与单片机接口电路图

合压/离压控制继电器 J4 与单片机接口电路图如图 4.51 所示。

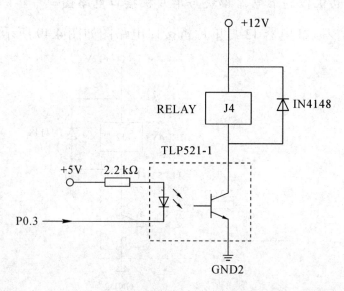

图 4.51　合压/离压控制继电器 J4 与单片机接口电路图

17) 喷粉控制继电器与单片机接口电路图

喷粉控制继电器 J5 与单片机接口电路图如图 4.52 所示。

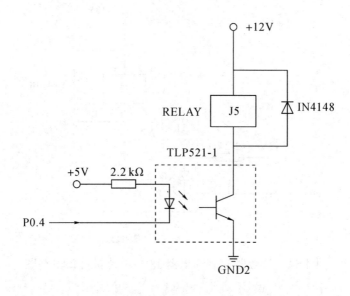

图 4.52　喷粉控制继电器 J5 与单片机接口电路图

18) 收纸台控制继电器与单片机接口电路图

收纸台控制继电器 J6 与单片机接口电路图如图 4.53 所示。

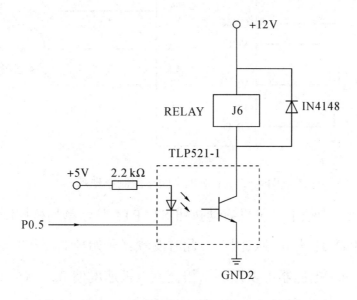

图 4.53　收纸台控制继电器 J7 与单片机接口电路图

19) 计数器控制继电器与单片机接口电路图

计数器控制继电器 J7 与单片机接口电路图如图 4.54 所示。

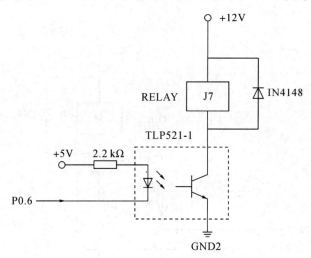

图 4.54　计数器控制继电器 J8 与单片机接口电路图

20) 主电机主回路控制原理图

主电机主回路控制原理图如图 4.55 所示。

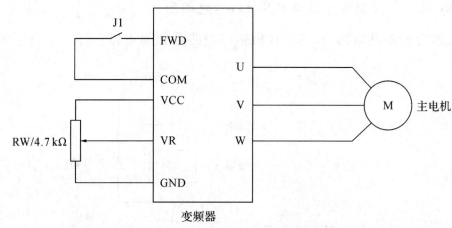

图 4.55　主电机主回路控制原理图

工作原理：当按下主电机启动按钮 START1 时，单片机控制继电器 J1 线圈得电，继电器 J1 常开触点闭合，此时变频器开始控制三相交流电机正转，调节 RW/4.7 kΩ 电位器可以控制三相交流电机速度调节；当按下主电机停止按钮 STOP1 时，单片机控制继电器 J1 线圈失电，继电器 J1 常开触点断开，此时变频器开始控制三相交流电机停止运行，从而实现主电机的启动、调速、停止控制。

说明：本实验选取的直流继电器型号为欧姆龙(OMRON)G5LE-14 DC 12 V (5 A / 250 AC)。

21) 气泵电机主回路原理图

气泵电机控制回路原理图如图 4.56 所示。

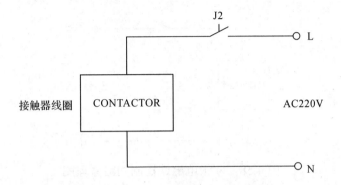

图 4.56　气泵电机控制回路原理图

气泵电机主回路原理图如图 4.57 所示。

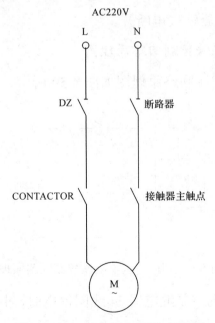

图 4.57　气泵电机主回路电路图

工作原理：当按下气泵电机启动按钮 START2 时，单片机控制继电器 J2 线圈得电，继电器 J2 常开触点闭合，此时交流接触器线圈得电吸合，气泵电机启动；当按下气泵电机停止按钮 STOP2 时，单片机控制继电器 J2 线圈失电，继电器 J2 常开触点断开，此时气泵电机停止运行，从而实现气泵电机的启动、停止控制。

22) 双张电磁铁控制回路原理图

双张电磁铁控制回路原理图如图 4.58 所示。

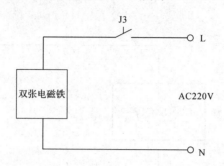

图 4.58　双张电磁铁控制回路原理图

工作原理：当单片机控制继电器 J3 线圈得电时，继电器 J3 常开触点闭合，此时双张电磁铁得电吸合；当单片机控制继电器 J3 线圈失电，继电器 J3 常开触点断开，此时双张电磁铁失电断开。

23) 合压/离压电磁铁控制回路原理图

合压/离压电磁铁控制回路原理图如图 4.59 所示。

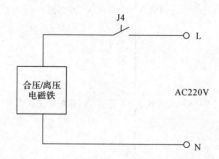

图 4.59　合压/离压电磁铁控制回路原理图

工作原理：当单片机控制继电器 J4 线圈得电时，继电器 J4 常开触点闭合，此时合压/离压电磁铁得电吸合，完成合压功能；当单片机控制继电器 J4 线圈失电，继电器 J4 常开触点断开，此时合压/离压电磁铁失电断开，完成离压功能。

24) 喷粉电磁阀控制回路原理图

喷粉电磁阀控制回路原理图如图 4.60 所示。

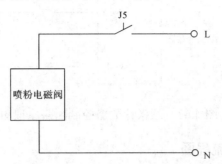

图 4.60   喷粉电磁阀控制回路原理图

工作原理：当单片机控制继电器 J5 线圈得电时，继电器 J5 常开触点闭合，此时喷粉电磁阀得电吸合，完成喷粉功能；当单片机控制继电器 J5 线圈失电时，继电器 J5 常开触点断开，此时喷粉电磁阀失电断开，喷粉停止。

25) 收纸台控制回路原理图

收纸台控制回路原理图如图 4.61 所示。

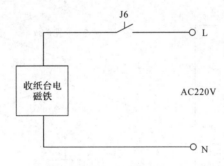

图 4.61   收纸台控制回路原理图

工作原理：当单片机控制继电器 J6 线圈得电时，继电器 J6 常开触点闭合，此时收纸台电磁铁得电吸合，完成收纸台下降功能；当单片机控制继电器 J6 线圈失电，继电器 J6 常开触点断开，此时收纸台电磁铁失电断开，收纸台停止下降。

26) 纸张计数器控制回路原理图

纸张计数器控制回路原理图如图 4.62 所示。

工作原理：当单片机控制继电器 J7 线圈得电时，继电器 J7 常开触点闭合，此时收纸台电磁铁得电吸合，单片机控制继电器 J7 线圈吸合延时 1 ms 后失电，继电器 J7 常开触点断开，此时纸张计数器完成一次计数功能。

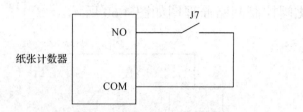

图 4.62　纸张计数器控制回路原理图

4. 实验控制程序流程图

1) 主程序流程图

主程序流程图如图 4.63 所示。

2) 主电机控制程序流程图

主电机控制程序流程图如图 4.64 所示。

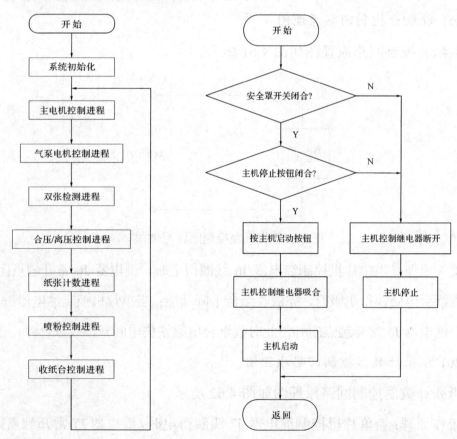

图 4.63　主程序流程图　　　　　图 4.64　主电机控制程序流程图

3) 气泵控制程序流程图

气泵控制程序流程图如图 4.65 所示。

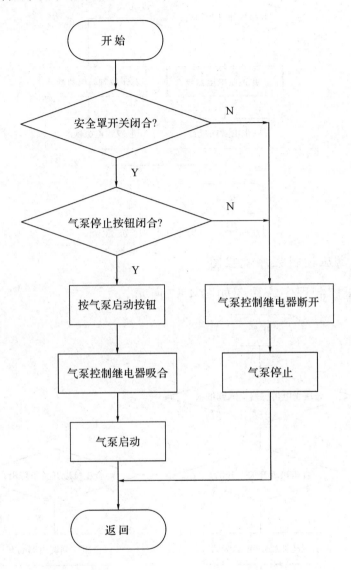

图 4.65 气泵控制程序流程图

4) 双张控制程序流程图

双张控制程序流程图如图 4.66 所示。

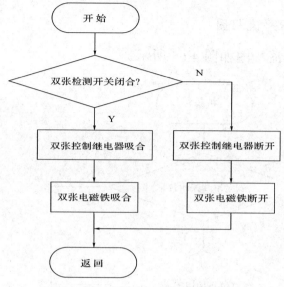

图 4.66　双张控制程序流程图

5) 合压/离压控制程序流程图

合压/离压控制程序流程图如图 4.67 所示。

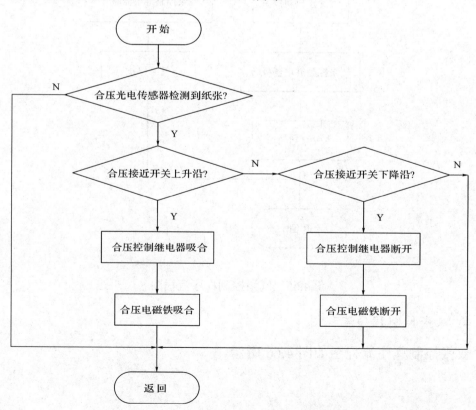

图 4.67　合压/离压控制程序流程图

6) 喷粉控制程序流程图

喷粉控制程序流程图如图 4.68 所示。

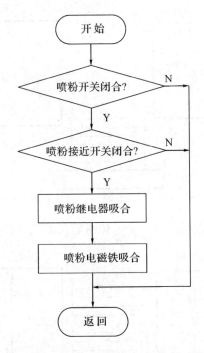

图 4.68 喷粉控制程序流程图

7) 收纸台下降控制程序流程图

收纸台下降控制程序流程图如图 4.69 所示。

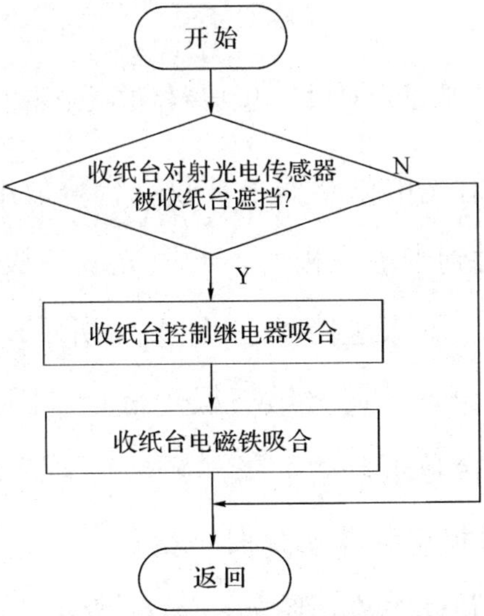

图 4.69 收纸台下降控制程序流程图

说明：收纸台对射光电传感器未被纸张遮挡示意图如图 4.70 所示，收纸台对射光电传感器被纸张遮挡示意图如图 4.71 所示。

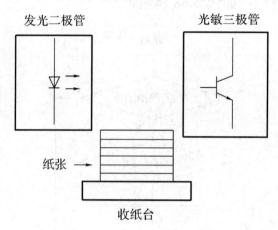

图 4.70　收纸台对射光电传感器未被纸张遮挡示意图

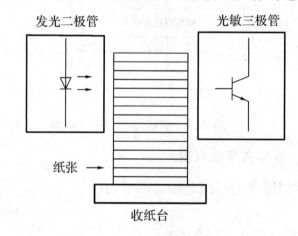

图 4.71　收纸台对射光电传感器被纸张遮挡示意图

说明：当收纸台对射光电传感器未被收纸台叠放纸张遮挡时(如图 4.70 所示)，因发光二极管照射到光敏三极管，此时光敏三极管导通；当收纸台对射光电传感器被收纸台叠放纸张遮挡时(如图 4.71 所示)，因发光二极管产生的红外光未照射到光敏三极管，此时光敏三极管截止。因此通过光敏三极管的导通与截止状态控制收纸台是否自动下降。

8) 纸张计数器计数控制程序流程图

纸张计数器计数控制程序流程图如图 4.72 所示。

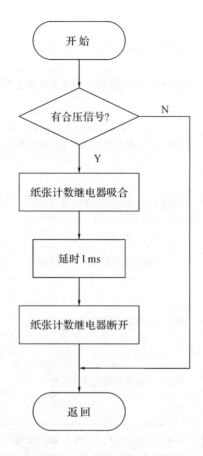

图 4.72　纸张计数器计数控制程序流程图

说明：纸张计数器采用欧姆龙公司生产的 **H7EC-NV-B** 型，详细资料可查阅相关手册。

5. 实验步骤

(1) 根据设计命题要求，查阅相关参考资料，制定总体方案设计；

(2) 进行系统硬件设计，并绘制硬件原理图；

(3) 进行系统软件设计，画出主程序流程图以及子程序流程图，并编写程序；

(4) 在线仿真调试继电器控制；

(5) 搭建硬件电路以及主回路，调试运行；

(6) 撰写实验报告。

6. 问题思考

完成实验后请读者思考如图 4.73 所示的问题。

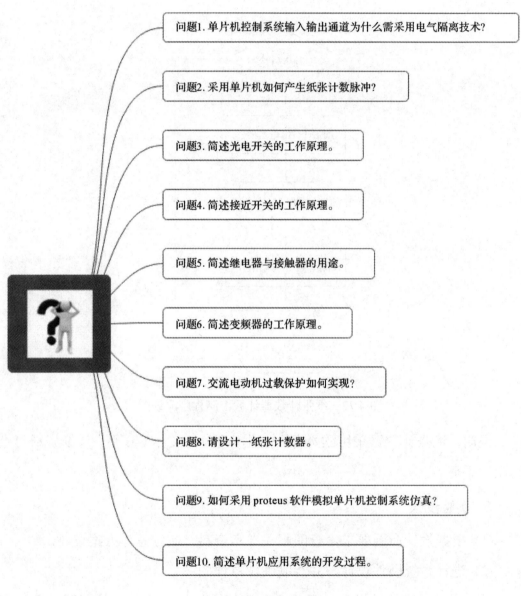

问题1. 单片机控制系统输入输出通道为什么需采用电气隔离技术?

问题2. 采用单片机如何产生纸张计数脉冲?

问题3. 简述光电开关的工作原理。

问题4. 简述接近开关的工作原理。

问题5. 简述继电器与接触器的用途。

问题6. 简述变频器的工作原理。

问题7. 交流电动机过载保护如何实现?

问题8. 请设计一纸张计数器。

问题9. 如何采用 proteus 软件模拟单片机控制系统仿真?

问题10. 简述单片机应用系统的开发过程。

图 4.73　问题思考

第5章　创 新 型 实 验

5.1　创新型实验简介

5.1.1　教学目标

(1) 进一步熟悉单片机的硬件资源与程序编写方法；

(2) 掌握单片机产品设计步骤与开发过程；

(3) 掌握简单的单片机产品硬件设计方法；

(4) 掌握简单的单片机产品软件设计方法；

(5) 掌握单片机在物联网中的应用；

(6) 提高学生分析问题与解决问题的能力；

(7) 进一步激发学生的学习兴趣；

(8) 培养学生理论联系实际的能力、工程实践能力和创新实践能力。

5.1.2　教学内容

创新型实验项目及计划学时安排如表 5-1 所示。

表 5-1　创新型实验项目及计划学时

实 验 项 目	计划学时
磁悬浮风扇控制系统设计	30

5.1.3　实验考核与评价

实验考核与评价标准见附录 5。

5.2　磁悬浮风扇控制系统设计

5.2.1　实验目的

(1) 了解磁悬浮风扇的内部结构与工作原理；

(2) 掌握 PWM 调速控制原理与方法；

(3) 掌握热敏电阻采集温度的硬件电路设计；

(4) 熟悉在 Keil C51 开发平台上建立、编译、链接、调试及运行 C 语言程序的方法和步骤；

(5) 熟悉应用 Altium Designer 软件绘制实验原理图、印制板 PCB。

5.2.2　实验要求

(1) 根据实验内容设计硬件电路，画出程序流程图，并在 Keil C51 平台上开发单片机应用程序；

(2) 应用 Altium Designer 软件绘制实验原理图、印制板 PCB；

(3) 编写程序，并调试运行。

5.2.3　实验描述

1. 实验内容

磁悬浮风扇控制系统的设计任务是由热敏温度传感器获得当前环境的温度数值，根据事先预设的温度控制风扇的转速，实现当环境温度高于设定温度时，磁悬浮风扇转速自动增加(高速运行)；当环境温度接近预设温度时，风扇风速自动降低(低速运行)，从而达到节能效果。同时，可利用 PC 端的工具软件设置预设温度值，实现磁悬浮风扇的转速能够自动跟进调节。

2. 实验说明

1) 磁悬浮风扇概述

(1) 磁悬浮风扇简介。

磁悬浮风扇类似于磁悬浮列车,利用电磁力让列车与轨道保持一定的间隔,既减小了摩擦,也避免了由于机械摩擦带来的震动,从根本上杜绝了机械磨损,从而减少了震动、噪声。磁悬浮风扇就是利用这样的原理,将转子与定子之间保持不接触,所以采用磁悬浮技术的风扇噪声小、震动小、寿命长。

(2) 磁悬浮风扇工作原理。

磁悬浮轴承风扇其实是改良自含油轴承风扇,它利用磁性原理使磁感应线与磁浮线成垂直,轴芯与磁浮线平行,转子的重量就固定在了运转的轨道上,几乎是无负载的轴芯往返磁浮线方向顶撑,形成整个转子悬空运转在轨道上。

(3) 磁悬浮风扇实物图。

磁悬浮风扇实物图如图 5.1 所示。

图 5.1　磁悬浮风扇实物图

2) STC12C5A60S2 系列单片机简介

STC12C5A60S2 系列单片机的主要特点如下：

(1) 增强型 8051CPU，单时钟/机器周期，指令代码与传统 8051 完全兼容；

(2) 工作电压：

STC12C5A60S2 系列工作电压：5.5 V～3.3 V(5 V 单片机)

STC12LE5A60S2 系列工作电压：3.6 V～2.2 V(3 V 单片机)

(3) 工作频率范围：0～35 MHz，相当于普通 8051 的 0～420 MHz；

(4) 用户应用程序空间 8K/16K/20K/32K/40K/48K/52K/60K/62K 字节；

(5) 片上集成 1280 字节 RAM；

(6) 通用 I/O 口(36/40/44 个)，复位后为准双向口/弱上拉(普通 8051 传统 I/O 口)，可设置成四种模式：准双向口/弱上拉，推挽/强上拉，仅为输入/高阻，开漏，每个 I/O 口驱动能力均可达到 20 mA，但整个芯片最大不要超过 120 mA；

(7) ISP(在系统可编程)/IAP(在应用可编程)，无需专用编程器，无需专用仿真器可通过串口(P3.0/P3.1)直接下载用户程序，数秒即可完成一片；

(8) 有 EEPROM 功能(STC12C5A62S2/AD/PWM 无内部 EEPROM)；

(9) 内部集成 MAX810 专用复位电路(外部晶体 12M 以下时，复位脚可直接 1 kΩ 电阻到地)；

(10) 外部掉电检测电路：在 P4.6 口有一个低压门槛比较器，5 V 单片机为 1.32 V，误差为 ±5%，3.3 V 单片机为 1.30 V，误差为 ±3%；

(11) 时钟源：外部高精度晶体/时钟，内部 R/C 振荡器(温漂为 ±5%到 ±10%)。用户在下载用户程序时，可选择是使用内部 R/C 振荡器还是外部晶体/时钟，常温下内部 R/C 振荡器频率为：5.0 V 单片机为 11 MHz～15.5 MHz，3.3 V 单片机为 8 MHz～12 MHz。在精度要求不高时，可选择使用内部时钟，但因为有制造误差和温漂，以实际测试为准；

(12) 共 4 个 16 位定时器：两个与传统 8051 兼容的定时器/计数器，16 位定时器 T0 和 T1，没有定时器 2，但有独立波特率发生器作串行通讯的波特率发生器，再加上 2 路 PCA 模块可再实现 2 个 16 位定时器；

(13) 2 个时钟输出口：可由 T0 的溢出在 P3.4/T0 输出时钟，可由 T1 的溢出在 P3.5/T1 输出时钟；

(14) 外部中断 I/O 口 7 路：传统的下降沿中断或低电平触发中断，并新增支持上升沿中断的 PCA 模块，Power Down 模式可由外部中断唤醒，INT0/P3.2，INT1/P3.3，T0/P3.4，T1/P3.5，RxD/P3.0，CCP0/P1.3(也可通过寄存器设置到 P4.2)，CCP1/P1.4 (也可通过寄存器设置到 P4.3)；

(15) PWM(2 路)/PCA(可编程计数器阵列，2 路)：可用来当 2 路 D/A 使用；也可用来再实现 2 个定时器；还可用来再实现 2 个外部中断(上升沿中断/下降沿中断均可分别或同时支持)；

(16) A/D 转换，10 位精度 ADC，共 8 路，转换速度可达 250 k/s(每秒钟 25 万次)，通用全双工异步串行口(UART)，由于 STC12 系列是高速的 8051，可再用定时器或 PCA 软件实现多串口；

(17) STC12C5A60S2 系列有双串口，后缀有 S2 标志的才有双串口。RxD2/P1.2 可通过寄存器设置到 P4.2。TxD2/P1.3 可通过寄存器设置到 P4.3；

(18) 工作温度范围：−40～+85℃(工业级) / 0～75℃(商业级)。

说明：关于 STC12C5A60S2 系列单片机详细资料可登录宏晶官方网站进行查看。

3. 实验原理图

1) 磁悬浮风扇控制系统硬件总体设计方案

磁悬浮风扇控制系统采用 STC12C5A60S2 单片机作为主控芯片，该系统主要包括键盘预设温度模块、热敏电阻温度传感器及信号调理模块、LCD 温度显示模块、磁悬浮风扇直流电机驱动模块、磁悬浮风扇模块、PC 端检测工具模块等。磁悬浮风扇控制系统硬件总体框图如图 5.2 所示。

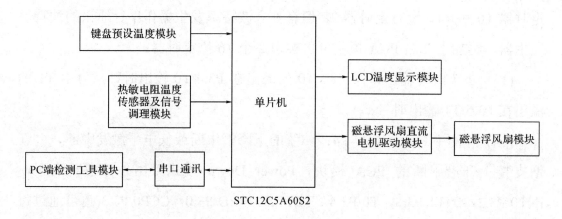

图 5.2　磁悬浮风扇控制系统硬件总体框图

2) 温度预设键盘模块与单片机引脚接口电路

磁悬浮风扇控制系统温度预设键盘模块与单片机引脚接口电路如图 5.3 所示。

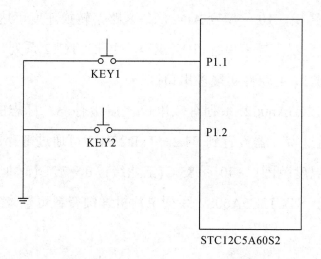

图 5.3　温度预设键盘模块与单片机引脚接口电路

说明：磁悬浮风扇控制系统温度预设键盘 KEY1、KEY2 的功能说明如下：

(1) KEY1 为温度设定"加 1"按键，每按下一次 KEY1 键，预设温度自动加 1；

(2) KEY2 为温度设定"减 1"按键，每按下一次 KEY2 键，预设温度自动减 1；

(3) 预设温度范围为 20～45℃。温度初始值默认 20℃。

3) 温度采集模块与单片机引脚接口电路

温度采集模块与单片机引脚接口电路如图 5.4 所示。

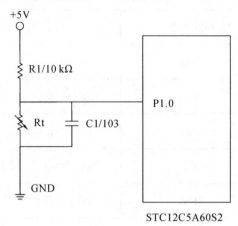

图 5.4 温度采集模块与单片机引脚接口电路

温度检测与 M3 接口电路说明:

(1) Rt 为 NTC 型热敏电阻(25℃-10 kΩ)型温度传感器;

(2) R1 = 10 kΩ 为参考电阻。

4) LCD1602 液晶显示模块与单片机引脚接口电路

LCD1602 液晶显示模块与单片机引脚接口电路如图 5.5 所示。

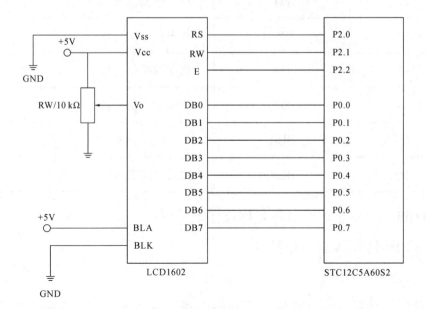

图 5.5 LCD1602 液晶显示模块与单片机引脚接口电路

LCD1602 液晶显示器引脚名称及说明如表 5-2 所示。

表 5-2 LCD1602 液晶显示器引脚名称及说明

引脚编号	符 号	引 脚 说 明
1	Vss	电源地
2	Vcc	电源正极
3	Vo	液晶显示器偏压端
4	RS	数据/命令寄存器选择信号线
5	R/W	读/写选择信号线
6	E	使能端
7	D0	双向数据信号线
8	D1	双向数据信号线
9	D2	双向数据信号线
10	D3	双向数据信号线
11	D4	双向数据信号线
12	D5	双向数据信号线
13	D6	双向数据信号线
14	D7	双向数据信号线
15	BLA	背光电源正极
16	BLK	背光电源负极

LCD1602 液晶显示器引脚名称及详细说明：

(1) 第 1 引脚：Vss 为电源地；

(2) 第 2 引脚：Vcc 为 5 V 电源正极；

(3) 第 3 引脚：Vo 为液晶显示器偏压端，调节 Vo 可实现液晶显示器对比度调整。当 Vo 端接正电源时，对比度最弱；当 Vo 端接地电源时，对比度最

高(对比度过高时会产生"鬼影"，使用时可以通过一个 10 kΩ 的电位器调整对比度);

(4) 第 4 引脚：RS 为数据/命令寄存器选择信号线，当 RS 为高电平时，选择数据寄存器；当 RS 为低电平时，选择指令寄存器；

(5) 第 5 引脚：R/W 为读/写选择信号线，当 R/W 为高电平时，进行读操作；当 R/W 为低电平时，进行写操作；

(6) 第 6 引脚：E(或 EN)为使能(Enable)端。当 E 为高电平时，读取信息；当 E 为负跳变时，执行指令；

(7) 第 7~14 引脚：D0~D7 为 8 位双向数据信号线；

(8) 第 15~16 引脚：背光电源。第 15 引脚接 BLA 背光电源正极，第 16 引脚接 BLK 背光电源负极。

5) 磁悬浮风扇直流电机 PWM 硬件电路设计

磁悬浮风扇直流电机驱动采用东芝的 TB6612FNG 控制芯片。它是一个通过输入 PWM 信号改变占空比控制输出电压的直流电机控制模块，输入电源为 VCC = 12 V DC / 1.2 A(3.2 A 峰值)。TB6612FNG 控制芯片的逻辑功能如表 5-3 所示。

表 5-3 TB6612FNG 控制芯片的逻辑功能

AIN1	AIN2	PWMA	STBY	电机状态
1	0	1	1	正转
0	1	1	1	反转
1	1	1	1	刹车
0	0	1	1	停车
×	×	0	1	停止运行
×	×	×	0	待运行

可预设定的温度范围在 20~45℃之间。当实际温度高于预设温度下限时，磁悬浮风扇直流电机将自动启动运行；当实际温度低于预设温度下限时，磁悬浮风扇直流电机将自动停止运行。磁悬浮风扇直流电机驱动电路原理图如图 5.6 所示。

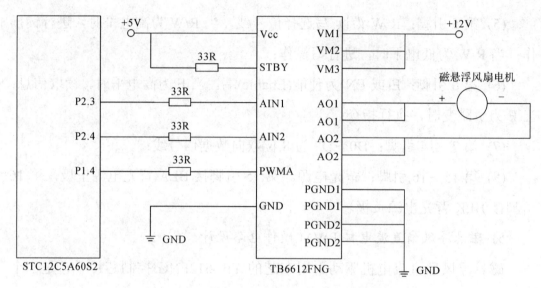

图 5.6　磁悬浮风扇直流电机驱动电路原理图

6)　PC 端串口与单片机串口硬件接口电路

PC 端串口与单片机串口硬件接口电路如图 5.7 所示。

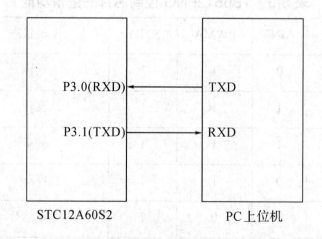

图 5.7　PC 端串口与单片机串口硬件接口电路

4. 实验程序流程图

1) 磁悬浮风扇控制系统主程序流程图

磁悬浮风扇控制系统主程序流程图如图 5.8 所示。

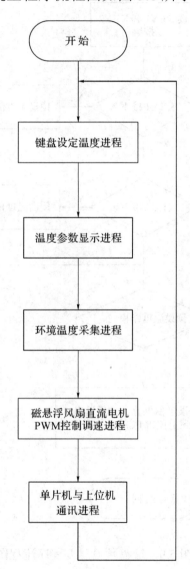

图 5.8 磁悬浮风扇控制系统主程序流程图

2) 键盘预设温度程序流程图

键盘预设温度程序流程图如图 5.9 所示。

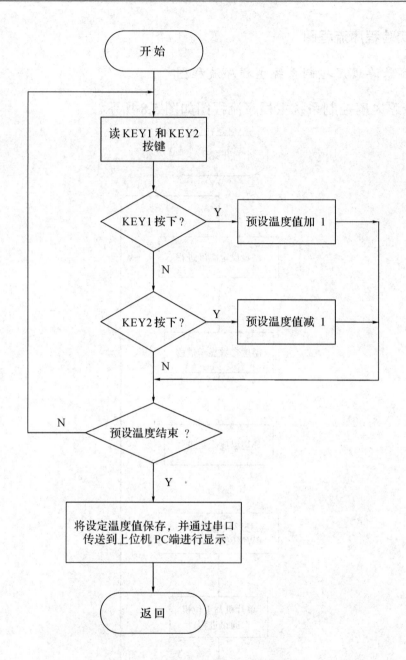

图 5.9　键盘预设温度程序流程图

键盘预设温度程序设计思路：

(1) 按键 KEY1 和 KEY2 的功能是设定预设温度。预设温度值设定在 20～
45℃范围内；

(2) 对按键 KEY1 和 KEY2 分别对应的单片机引脚 P1.1 和 P1.2 进行初始化配置，将其设置成上拉输入；

(3) KEY1 为预设温度加 "1" 按键；KEY2 为预设温度减 "1" 按键；

(4) 可将预设的温度值通过串口传送到上位机 PC 辅助设置工具进行显示。

3) 温度参数显示程序流程图

温度参数显示程序流程图如图 5.10 所示。

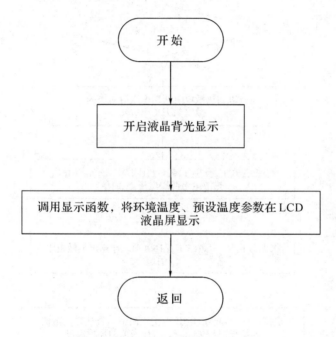

图 5.10　温度参数显示程序流程图

温度参数显示程序设计思路：

(1) 首先应对液晶显示屏 LCD1602 与单片机连接的相关引脚进行初始化配置，然后再设计 LCD 参数显示函数。

(2) 液晶显示屏 LCD1602 开机可显示 "LOGO" 及默认设定温度值 20℃。

(3) 调用显示函数，将热敏电阻采集的环境温度值、预设温度值在 LCD1602 液晶显示器界面显示。

4) 环境温度采集程序流程图

环境温度采集程序流程图如图 5.11 所示。

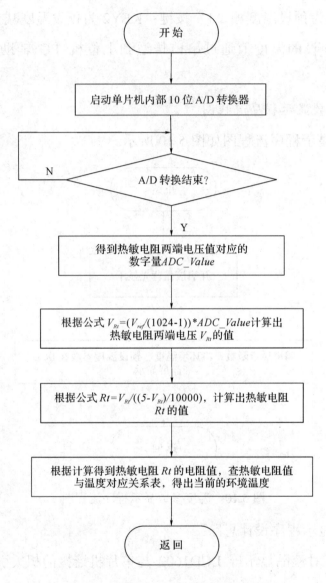

图 5.11　环境温度采集程序流程图

环境温度采集软件设计思路：

(1) 配置 STC12C5A60S2 单片机内部 ADC 对应的 P1.0 引脚，将其设置为模拟输入口；

(2) 启动单片机内部 10 位 A/D 转换器，得到此时温度传感器热敏电阻两端电压所对应的数字量 *ADC_Value* 值；

(3) 将 *ADC_Value* 值代入公式：$V_{Rt} = (V_{ref}/(1024 - 1))*ADC\_Value$，可计算出热敏电阻 *Rt* 的两端电压 V_{Rt} 值。其中单片机内部 A/D 转换器参考电压 $V_{ref} = 5$ V；

(4) 将热敏电阻的两端电压 V_{Rt} 值代入公式：$Rt = V_{Rt}/((5 - V_{Rt})/R1)$，可得出当前该热敏电阻的阻值，其中分压电阻 $R1 = 10$ kΩ；

(5) 根据 NTC 型热敏电阻(25℃-10 kΩ)阻值与温度对应关系表，即可得出此时热敏电阻值对应的温度值，该温度值即是当前的环境温度。

本实验采用的 NTC 型热敏电阻(25℃-10 kΩ)阻值与温度对应关系如表 5-4 所示。

表 5-4　NTC 型热敏电阻(25℃-10 kΩ)阻值与温度对应关系

温度 (℃)	阻值 (Ω)	温度 (℃)	阻值 (Ω)	温度 (℃)	阻值 (Ω)	温度 (℃)	阻值 (Ω)
20	12 520	28	8768	36	6243	44	4514
21	11 960	29	8396	37	5990	45	4339
22	11 430	30	8042	38	5749	46	4172
23	10 930	31	7705	39	5519	47	4012
24	10 450	32	7384	40	5299	48	3860
25	10 000	33	7078	41	5089	49	3713
26	9569	34	6786	42	4889	50	3574
27	9158	35	6508	43	4697	51	3440

5) 磁悬浮风扇直流电机 PWM 控制程序流程图

磁悬浮风扇直流电机 PWM 控制程序流程图如图 5.12 所示。

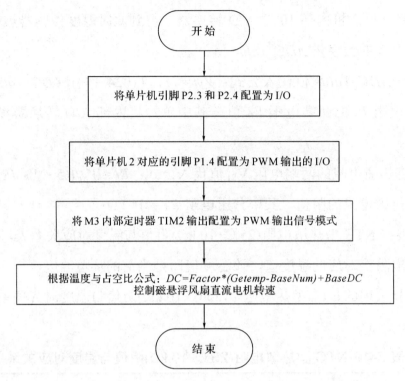

图 5.12　磁悬浮风扇直流电机 PWM 控制程序流程图

磁悬浮风扇直流电机 PWM 控制软件设计思路如下：

因磁悬浮风扇直流电机模块采用 TB6612FNG 进行驱动，其中用到的引脚为 STBY、GND、PWMA、AIN1、AIN2、A01、A02，因此，设计初始化函数时，首先应对相关几个引脚进行配置，然后设计控制电机 PWM 输出子函数，其设计思路如下：

(1) 对 P2.3 和 P2.4 进行初始化配置。配置磁悬浮风扇直流电机驱动芯片 TB6612FNG 引脚 AIN1、AIN2 对应单片机的 I/O。其中单片机引脚 P2.3 连接电机驱动模块 TB6612FNG 引脚 AIN1，单片机引脚 P2.4 连接电机驱动模块的 TB6612FNG 引脚 AIN2；

(2) 对单片机对应的 P1.4 引脚进行配置，使该引脚为 PWM 输出的 I/O；

(3) 设计风扇控制电机输出占空比函数，以实现风扇的转速自动调节；

(4) 根据温度与占空比的关系式，可得出此时的 PWM 占空比，从而控制当前的磁悬浮风扇运行转速。温度与占空比的关系式如公式(5-1)所示：

$$DC = Factor*(Getemp-BaseNum) + BaseDC \tag{5-1}$$

式中：DC 为占空比；$Factor$ 为比例系数；$GetTemp$ 为当前采集环境温度值；$BaseNum$ 为预设温度值，初始默认值为 20℃；$BaseDC$ 为占空比基准值。

6)　PC 机实时监控软件设计

PC 机可进行预设温度值的设定，并能实时显示预设温度值、当前环境温度值；同时单片机可通过串口 URAT1 将 KEY1、KEY2 按键预设的温度值、环境的实际温度值传送到 PC 机端，并在 PC 端显示环境实际温度值及预设温度值。

PC 机实时监控软件设计思路如下：

(1)　制定 M3 与 PC 端串口数据传输通信协议。

(2)　可用 VB、VC、VS 等编程语言设计 PC 端监控工具。PC 端能显示当前环境温度值及预设温度值。同时可在 PC 端设置预设温度(预设温度范围在 20～45℃范围内)。按照既定的通信协议实现单片机与 PC 之间发送和接收数据。PC 上位机实时监控参考设计界面如图 5.13 所示。

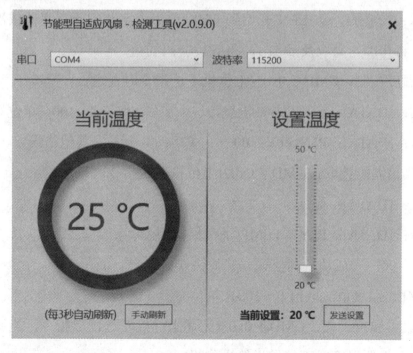

图 5.13　PC 上位机实时监控参考设计界面

(3) PC 上位机与单片机通信协议。

① 通讯方式。

全双工串口；

波特率：115200BPS；

数据位：8 位；

停止位：1 位；

无校验位。

② 数据包格式(HEAD + LEN + MODEL + CMD + [DATA] + CHK)。

HAND：数据头，固定为 0xFE；

LEN：数据包长度，一字节，从 LEN 开始到 CHK 前一个字节的所有字节数；

MODEL：功能模块号；

CMD：命令码；

[DATA]：数据域，可变长度；

CHK：校验码，从 LEN 开始到 CHK 前一个字节的所有字节依次按字节相加，并将相加结果取反后加 1，得到校验码的值。

③ 温度控制：CMD = 0x01(上位机下达指令时发送)。

接收：[DATA]：上位机控制温度，一个字节，取值 0～100，单位℃；

发送：[DATA]：PLY(PLY：00——成功；其他——其他错误)。

④ 当前温度读取：CMD = 0x02(上位机下达指令时发送)。

接收：[DATA]：无；

发送：[DATA]：PLY + TEMP(下位机检测温度)；

PLY：00——成功；其他——其他错误；

TEMP：温度值，取值 0～100，单位℃。

⑤ 设置温度读取：CMD = 0x03(无需上位机发送读取指令，当下位机通过按键改变设置温度时直接发送给上位机)。

接收：[DATA]：无；

发送：[DATA]：PLY + TEMP(下位机按键设置温度)；

PLY：00——成功；其他——其他错误；

TEMP：温度值，取值 0～100，单位℃。

⑥ RLY。

00——操作成功；

非 0——操作失败；

01——超时；

02——数据错误；

03——非法命令。

5. 实验步骤

(1) 根据设计命题要求，查阅相关参考资料，制定总体方案设计；

(2) 进行系统硬件设计，并绘制硬件原理图；

(3) 进行系统软件设计，画出主程序流程图以及子程序流程图，并编写程序；

(4) 在线仿真调试；

(5) 搭建硬件电路，调试运行；

(6) 撰写实验报告。

6. 实验拓展

本实验设计了磁悬浮风扇本地的控制，有兴趣的同学可以对此进行功能拓展，比如进行远程控制、手机 APP 控制等，例如：

(1) 增加 WiFi 通讯模块，把温度信息上传至云端，并通过云端控制磁悬浮风扇的转速，这样可以通过手机 APP 进行远程监控。

(2) 增加蓝牙通讯模块，可以通过手机 APP 进行基于局域网的无线联动控制，充分体现了智能家居的便捷性。

(3) 可以自己设计一个温度传感器模块，通过面包板或者简易电路板进行设计组装，并与厂家提供的温度传感器模块进行数据比对，验证自己设计的传感器的精度。

(4) 增加 NB-IoT 通讯模块，把温度信息上传至云端，并通过云端控制磁悬浮风扇的转速，这样可以通过手机 APP 进行远程监控。

第6章 课程设计

6.1 课程设计命题

1. 交通信号灯控制(30 学时)

1) 任务要求

(1) 模拟十字路口"东西、南北"交通灯控制;

(2) 交通灯分别用红、绿、黄发光二极管显示;

(3) 红、绿、黄发光二极管显示间隔时间自定;

(4) 用 Proteus 仿真;

(5) 焊接电路板并调试运行;

(6) 撰写课程设计报告。

2) 交通信号灯元器件明细表

交通信号灯元器件明细表如表 6-1 所示。

表 6-1 交通信号灯元器件明细表

名称	封装	型号	参数	数量	备注
单片机最小系统板				1	自制
发光二极管	直插	$\phi5$	绿色	4	
发光二极管	直插	$\phi5$	黄色	4	
发光二极管	直插	$\phi5$	红色	4	
电阻	直插	1/4 W	680 Ω	12	
自锁按键开关	直插	6 引脚 8 mm × 8 mm		1	

续表

名称	封装	型号	参数	数量	备注
按键	直插	6 mm × 6 mm × 8.5 mm		4	
排针	直插	脚距 2.54 mm，高 11 mm	1 × 40 单排插针	22针	
杜邦线	母对母两头插好杜邦头	孔对孔 40 根一排	单根长度 20 cm	22线	
洞洞板		90 mm × 70 mm	单面	1	

2. 直流数字电压表设计(30 学时)

1) 任务要求

(1) 利用单片机内部 10 位 ADC 对电位器上 0～5 V 范围内变化的直流电压进行测量，并在 LCD1602 显示测量结果；

(2) 采用 Proteus 仿真：

(3) 焊接电路板并调试运行；

(4) 撰写实验报告。

3) 直流数字电压表元器件明细表

直流数字电压表元器件明细表如表 6-2 所示。

表 6-2　直流数字电压表元器件明细表

名称	封装	型号	参数	数量	备注
单片机最小系统板				1	自制
液晶显示器		LCD1602		1	
电位器	直插	3296W-102	1k	1	
电位器	直插	3296W-103	10k	1	
排针	直插	脚距 2.54 mm，高 11 mm	1 × 40 单排插针	30针	
杜邦线	母对母两头插好杜邦头	孔对孔 40 根一排	单根长度 20 cm	30线	
洞洞板		90 mm × 70 mm	单面	1	

3. 简易计算器设计(30 学时)

1) 任务要求

(1) 能实现加、减、乘、除四则运算功能;

(2) 数码 0~9 及运算符号通过按键盘输入,并在液晶显示器上显示算式及运算结果;

(3) 采用 Proteus 仿真;

(4) 焊接电路板并调试运行;

(5) 撰写实验报告。

2) 简易计算器元器件明细表

简易计算器元器件明细表如表 6-3 所示。

表 6-3 简易计算器元器件明细表

名称	封装	型号	参数	数量	备注
单片机最小系统板				1	自制
电位器	直插	3296W-103	10k	1	
液晶显示器		LCD1602		1	
按键	直插	6 mm × 6 mm × 8.5 mm		16	
排针	直插	脚距 2.54 mm,高 11 mm	1 × 40 单排插针	50 针	
杜邦线	母对母两头插好杜邦头	孔对孔 40 根一排	单根长度 20 cm	50 线	
洞洞板		90 mm × 70 mm	单面	1	

4. 数字秒表设计(30 学时)

1) 任务要求

(1) 按键控制计时开始、暂停、时间清零;

(2) 采用串行 EEPROM24C02 保存秒数;

(3) LCD1602 液晶显示时间参数;

(4) 撰写实验报告。

2) 数字秒表元器件明细表

数字秒表元器件明细表如表 6-4 所示。

表 6-4 数字秒表元器件明细表

名称	封装	型号	参数	数量	备注
单片机最小系统板				1	自制
串行 EEPROM	直插	24C02	2 kb	1	
电位器	直插	3296W-103	10k	1	
液晶显示器		LCD1602		1	
按键	直插	6 mm × 6 mm × 8.5 mm		3	
电阻	直插	1/4W	4.7k	2	
排针	直插	脚距 2.54 mm，高 11 mm	1 × 40 单排插针	50 针	
杜邦线	母对母两头插好杜邦头	孔对孔 40 根一排	单根长度 20 cm	50 线	
洞洞板		90 mm × 70 mm	单面	1	

5. 温/湿度检测系统设计(30 学时)

1) 任务要求

(1) 按键设置报警值；

(2) 采用 DS18B20、DHT11 传感器检测温度、湿度；

(3) LCD1602 液晶显示温/湿度参数及设定报警值；

(4) 撰写实验报告。

2) 温/湿度检测系统元器件明细表

温/湿度检测系统元器件明细表如表 6-5 所示。

表 6-5 温/湿度检测系统元器件明细表

名称	封装	型号	参数	数量	备注
单片机最小系统板				1	自制
温度传感器	直插	DS18B20		1	
湿度传感器	直插	DHT11		1	
电位器	直插	3296W-103	10k	1	
液晶显示器		LCD1602		1	
按键	直插	6 mm × 6 mm × 8.5 mm		3	
电阻	直插	1/4W		若干	
排针	直插	脚距 2.54 mm，高 11 mm	1 × 40 单排插针	50 针	
杜邦线	母对母两头插好杜邦头	孔对孔 40 根一排	单根长度 20 cm	50 线	
洞洞板		90 mm × 70 mm	单面	1	
单片机	直插	STC12C5A60S2		1	

6. LED 调光系统的设计

1) 任务要求

(1) 按键设置 1 个 LED 的调光度；

(2) 采用 PWM 控制 1 个 LED 灯的亮度；

(3) LCD1602 液晶显示设定调光度；

(4) 撰写实验报告。

2) LED 调光系统元器件明细表

LED 调光系统元器件明细表如表 6-6 所示。

表 6-6　LED 调光系统元器件明细表

名称	封装	型号	参数	数量	备注
单片机最小系统板				1	自制
LED 发光二极管高亮	直插	5 mm 长形，4 脚	RGB 全彩灯珠	1	
湿度传感器	直插	DHT11		1	
电位器	直插	3296W-103	10k	1	
液晶显示器		LCD1602		1	
按键	直插	6 mm × 6 mm × 8.5 mm		3	
电阻	直插	1/4W		若干	
排针	直插	脚距 2.54 mm，高 11 mm	1 × 40 单排插针	50 针	
杜邦线	母对母两头插好杜邦头	孔对孔 40 根一排	单根长度 20 cm	50 线	
洞洞板		90 mm × 70 mm	单面	1	

6.2　课程设计需注意的几个问题

(1) 允许学生在实验板提供的相关硬件基础上，自己添加相关模块，自拟题目(除提供的硬件外，其他硬件等学生自购)。例如：增加 WiFi 模块，将温度、湿度、光强上传到云平台，用手机浏览器或者 APP 观察；用蓝牙模块，把温度、湿度、光强上传到手机，用手机 APP 观察或者用手机 APP 代替调光强度等。

(2) 每位指导老师将指导的学生分为 3～4 组，原则上 3～4 人为一小组。

(3) 要求学生严格按照课程设计格式书写报告，文字流畅，层次分明，图表、程序流程图需符合格式要求。

(4) 实物制作要求参加的学生注意人身安全，焊接时仔细认真。实物制作必须满足题目要求，对于实物制作达不到设计要求的学生，成绩评定为不及格。

(5) 指导老师指导学生列出需要的元器件详细的名称、规格、数量，不提供明细表者不予发放材料，由班长统计全班材料明细后到实验室领取。

(6) 答辩环节，由答辩老师根据答辩内容及答辩结果，给出相应成绩。

(7) 学生课程设计成绩、报告以及 USB 程序下载器和下载线，在课程设计结束后的周末，由班长全部收齐上交到实验室。

(8) 课程设计 CPU 采用 STC12C5A60S2 系列或 STM32 系列单片机，详细资料可到官方网站查阅。

(9) 课程设计提供完整单片机最小系统一块，需要学生自己动手焊接部分器件。

注意： 在液晶显示器上单独焊上排针，严禁焊接到洞洞板上，然后用杜邦线引到 CPU 板上，液晶显示器回收到实验室。

6.3　答辩工作安排

1. 答辩时间

在课程设计结束周，选择一至两天，安排学生分组进行统一答辩。

2. 答辩地点

工科实验楼电子创新实验室。

3. 答辩内容

答辩内容包括本组学生各自承担的任务，设计作品整个系统硬件的工作流程及工作原理，设计作品的主要功能及功能实现的方法，设计作品在调试中出现的问题及解决办法等内容。每位学生答辩时，教师所提出的问题原则上不少于 3 个。

4. 答辩教师分组

按照班级的分组情况，由指导教师组成答辩小组，每组成员为 2～3 人，答辩小组内的成员只能对其他指导教师的小组进行答辩。

5. 答辩评分标准

针对学生各自承担的工作内容、工作原理的理解程度、实现功能的思路、调试过程中出现的问题及解决办法综合评分。

6.4　课程设计报告书写要求

课程设计报告要求有完整的格式，包括封面、目录、正文等，具体要求如下：

1. 封面

封面包括课程设计题目、姓名、学号、班级、指导教师、完成日期。

2. 目录

正文前必须要有目录。

3. 正文

正文包括的内容如下：

(1) 设计任务与要求；

(2) 设计方案(包括设计思路、使用到哪些芯片、各个芯片的作用)；

(3) 硬件电路设计(包括各主要模块与单片机接口电路设计和说明)；

(4) 主要参数计算与分析；

(5) 软件设计(包括主要模块流程图、源程序清单与注释)；

(6) 调试过程(包括实验过程中的硬件连线、调试步骤、出现的问题、解决的方法、使用的实验数据等);

(7) 心得体会(在整个课程设计过程中的收获、体会和建议);

(8) 参考文献。

4. 附录

附录内容包括课程设计硬件设计原理图、程序源代码清单并在关键代码语句添加注释。

5. 排版打印格式

课程设计报告打印版面上空 2.5 cm,下空 2.5 cm,左空 3 cm,右空 2.5 cm(左装订),固定行距,24 磅。页眉和页脚用宋体,5 号字居中标明,页眉、页脚各 1.5 cm,自正文标注页码,居中。新章节内容部分另起一页。

6. 课程设计参考模板

课程设计参考模板详见附录 3。

附录 1　单片机原理与应用实践教学大纲

一、课程基本信息

课程编号：XXXX

课程名称：单片机原理与应用实验

英文名称：Experiments of Single Chip Microcomputer

先修课程：电路、数字电子技术基础、模拟电子技术基础、C 语言程序设计

适用专业：自动化、测控技术与仪器、电子信息工程

课程类别：主干课程

课程总学时/学分：XX/YY

二、教学目的和任务

单片机原理与应用实验课程要求学生通过实验项目的操作练习，加深对 MCS-51 单片机原理及其应用的理解，掌握 MCS-51 的基础知识及其相关应用技术。要求学生从应用的角度出发，熟悉 MCS-51 单片机的结构、内部资源，掌握正确使用中断、计数器，掌握最常用的几种接口电路(RAM、ROM 的扩展、并行 IO 的扩展、A/D、D/A、简单功率接口、键盘、显示接口)，了解串行口、I^2C 总线，能设计简单的单片机应用系统，能用 C51 编写程序，掌握仿真、调试程序的实际操作。要求学生在认真学习《单片机原理及应用》理论知识的基础上，根据实验指导书，提前做好实验预习，明确实验目的及相关要求、实验内容、实验原理、实验步骤；在实验过程中正确使用实验设备，认真观察实验现象、记录实验数据、分析实验结果；完成实验后要做好实验总结，撰写好实验报告。通过实验教学，旨在激发学生的学习兴趣，加深学生对理论知识的理解，培养学生的工程实践能力，同时为其他相关课程的学

习、毕业从事工程技术工作、科学研究打下坚实的基础。

三、教学基本要求

本课程的教学要求如下：

(1) 掌握单片机 Keil C51 高级语言集成开发环境的使用方法；

(2) 掌握单片机系统仿真软件 Proteus 的使用方法；

(3) 了解与掌握单片机的硬件资源；

(4) 掌握并行口及应用；

(5) 掌握中断系统及应用；

(6) 掌握定时器/计数器及应用；

(7) 掌握串行口及应用；

(8) 掌握键盘/LED 数码管显示器接口技术；

(9) 掌握 D/A 接口技术；

(10) 掌握 A/D 接口技术；

(11) 掌握单片机应用系统开发步骤与开发流程。

四、教学内容及要求

1. 认知型实验

实验名称　实验一　Keil C51 软件使用(2 学时)

实验要求

(1) 掌握在 Keil C51 平台上开发单片机应用程序的一般步骤；

(2) 学习 Keil C51 项目窗口、调试窗口和存储器窗口等常用平台的使用。

实验名称　实验二　Proteus 仿真软件使用练习(2 学时)

实验要求

(1) 熟悉 Proteus 软件界面及使用方法；

(2) Proteus 软件绘制单片机仿真图，并进行单片机仿真；

(3) 设计流水灯电路，编写程序并使用 Proteus 仿真、调试及运行。

2. 验证型实验

实验名称　实验一　并行口应用(2 学时)

实验要求

(1) 掌握单片机并行口作为输入/输出口的使用方法；

(2) 了解软件延时程序的编写。

实验名称　实验二　定时器/计数器应用(2 学时)

实验要求

(1) 掌握外部中断技术的使用方法；

(2) 学习中断处理程序的编程方法。

实验名称　实验三　定时器/计数器应用(2 学时)

实验要求

(1) 学习单片机内部定时器/计数器的使用和编程方法；

(2) 进一步掌握中断处理程序的编程方法。

实验名称　实验四　串行口应用(2 学时)

实验要求

(1) 掌握单片机串行口工作方式，掌握单片机通信程序编制方法；

(2) 了解实现串行通信数据传输的协议制定；

(3) 掌握双机通信的原理和方法。

实验名称　实验五　矩阵键盘/LED 数码管应用(2 学时)

实验要求

(1) 理解键盘扫描和去抖动的原理；

(2) 掌握矩阵键盘与单片机的接口电路设计；

(3) 设计一个矩阵键盘，编程实现按下某按键，数码管显示相应的键值。

实验名称　实验六　D/A 转换实验(2 学时)

实验要求

(1) 掌握 D/A 转换与单片机的接口方法；

(2) 了解 D/A 转换性能及编程方法；

(3) 通过实验了解 D/A 转换器如何产生周期性波形。

实验名称　实验七　A/D 转换实验(2 学时)

实验要求

(1) 掌握 A/D 转换与单片机的接口方法；

(2) 了解 A/D 转换性能及编程方法；

(3) 通过实验了解单片机如何进行数据采集。

3. 设计型实验

实验名称　实验一　电子钟设计(6 学时)

实验要求

(1) 掌握串行实时时钟的原理及应用；

(2) 了解 I^2C 总线标准以及与单片机接口设计；

(3) 熟悉在 Keil C51 开发平台上建立、编译、链接、调试及运行 C 语言程序的方法和步骤。

实验名称　实验二　简易四则运算计算器设计(6 学时)

实验要求

(1) 掌握非编码矩阵式键盘的结构以及单片机接口电路；

(2) 掌握非编码矩阵式键盘的识别过程；

(3) 熟悉在 Keil C51 开发平台上建立、编译、链接、调试及运行 C 语言程序的方法和步骤。

4. 工程应用型实验

实验名称　实验一　三相交流电机启动/停止控制(30 学时)

实验要求

(1) 了解继电器与接触器的内部结构与工作原理；

(2) 掌握三相交流电机启动/停止控制原理；

(3) 熟悉在 Keil C51 开发平台上建立、编译、链接、调试及运行 C 语言程序的方法和步骤。

实验名称　实验二　单色轻型胶印机控制(30 学时)

实验要求

(1) 通过工程应用型案例实践，熟悉单片机应用系统的开发过程与设计流程；

(2) 熟悉在 Keil C51 开发平台上建立、编译、链接、调试及运行 C 语言程序的方法和步骤。

5. 创新型实验

实验名称　实验一　磁悬浮风扇控制系统设计(30 学时)

实验要求

(1) 了解磁悬浮风扇的内部结构与工作原理；

(2) 掌握 PWM 调速控制原理与方法；

(3) 掌握热敏电阻采集温度的硬件电路设计；

(4) 熟悉在 Keil C51 开发平台上建立、编译、链接、调试及运行 C 语言程序的方法和步骤；

(5) 熟悉应用 Altium Designer 软件绘制实验原理图、印制板 PCB。

6. 课程设计

[教学要求]

(1) 选题要求；满足课程设计教学目标，使学生得到全面的综合训练；

(2) 学生根据课程实际任务书的要求，合理安排设计进度；

(3) 学生对自己课程设计的题目任务和要求应清晰，设计方案合理，硬件设计正确，程序编制合理，调试结果符合设计要求，课程设计报告书撰写规范。

课题一　交通信号灯控制(30 学时)

任务要求：

(1) 模拟十字路口"东西、南北"交通灯控制；

(2) 交通灯分别用红、绿、黄发光二极管显示；

(3) 红、绿、黄发光二极管显示间隔时间自定；

(4) 用 Proteus 仿真；

(5) 焊接电路板并调试运行；

(6) 撰写课程设计报告。

课题二　直流数字电压表设计（30 学时）

任务要求：

(1) 利用单片机内部 10 位 ADC 对电位器上 0～5 V 范围内变化的直流电压进行测量，并在 LCD1602 显示测量结果；

(2) 采用 Proteus 仿真；

(3) 焊接电路板并调试运行；

(4) 撰写实验报告。

课题三　简易计算器设计（30 学时）

任务要求：

(1) 能实现加、减、乘、除四则运算功能；

(2) 数码 0～9 及运算符号通过按键盘输入，并在液晶显示器上显示算式及运算结果；

(3) 采用 Proteus 仿真；

(4) 焊接电路板并调试运行；

(5) 撰写实验报告。

课题四　数字秒表设计（30 学时）

任务要求：

(1) 按键控制计时开始、暂停、时间清零；

(2) 采用串行 EEPROM24C02 保存秒数；

(3) LCD1602 液晶显示时间参数。

(4) 撰写实验报告。

课题五　温/湿度检测系统设计(30 学时)

任务要求：

(1) 按键设置报警值；

(2) 采用 DS18B20/DHT11 传感器检测温度、湿度；

(3) LCD1602 液晶显示温/湿度参数及设定报警值；

(4)撰写实验报告。

课题六　LED 调光系统的设计

(1) 按键设置 1 个 LED 的调光度；

(2) 采用 PWM 控制 1 个 LED 灯的亮度；

(3) LCD1602 液晶显示设定调光度；

(4) 撰写实验报告。

五、教学方法及手段

单片机原理与应用是一门技术性、实践性与工程性很强的综合课程。在教学过程中，根据不同的实验案例，可用的教学方法和手段多种多样，比如任务驱动法、小组合作讨论及案例教学法、项目驱动教学法等。相对于传统讲授式教学法，学生"学中做、做中学"，更加自由，不再拘泥于传统的被动听课，可以查阅资料、总结资料，可以分组讨论，可以设计硬件、编写软件，尽可能发挥自己所长，学习更加轻松。在此过程中，学生的创新能力、实践动手能力得到提升，特别是团队合作精神得到锻炼。在单片机实训平台上，单片机的内部资源和外围器件采用任务驱动教学法、示范模拟训练教学法、小组讨论教学法等，单片机系统设计和开发内容采用研讨问题教学法、项目驱动教学法，从而使学生按照点、线、面相结合的方法逐渐递进地掌握单片机原理及应用。

根据工科专业认证的最新理念，以成果为导向，通过本科四年的培养使学生具有十大能力，以达到毕业的要求。学生通过自己的学习成果不断地提高自我，通过实现自我价值来激励自己，掌握发现问题、分析问题、解决问题的能力。与此同时，教师注重学生综合能力的培养，引导学生去探索实验，实现自我职业价值。以 OBE 成果导向为基础，上课的形式应该与时俱进，目前基于博客、微博、微信、慕课平台的翻转课堂发展迅猛，教师可以通过丰富的平台来设计教学活动，活跃学生的学习热情，激发学生的发散思维，培养以成果为导向的合格大学生。

六、考核方式

实验考核与评价应从结果性考核与评价转变为过程性考核与评价；从以区分学生为目的转变为以促进学习为目标，激发学习者的学习兴趣，激活学习者的学习主动性；从教师为考核与评价负责人转变为以学生自评、互评为主，教师评价为辅的多元评价体系，使考核与评价服务于学生，促进学习目标的达成。实验考核与评价参考标准详见附录 5。

七、推荐教材及参考书目(根据各门课程的实际情况确定)

[1] 张兰红. 单片机原理及应用[M]. 北京：机械工业出版社，2012

[2] 周坚. 单片机轻松入门[M]. 北京：北京航空航天大学出版社，2004

[3] 郭天祥. 新概念 51 单片机 C 语言教程：入门、提高、开发拓展全攻略[M]. 北京：电子工业出版社，2009

[4] 张义和. 例说 51 单片机[M]. 北京：人民邮电出版社，2010

[5] 张毅刚. 单片机原理及应用[M]. 北京：高等教育出版社，2010

[6] 彭冬明，韦友春. 单片机实验教程[M]. 北京：北京理工大学出版社，2007

附录 2　单片机原理与应用认知型、验证型实验报告模板

实 验 报 告

实验课程：＿＿＿＿＿＿＿＿＿＿

实验地点：＿＿＿＿＿＿＿＿＿＿

学　　　院：＿＿＿＿＿＿＿

专　　　业：＿＿＿＿＿＿＿

班　　　级：＿＿＿＿＿＿＿

学生姓名：＿＿＿＿＿＿＿

学　　　号：＿＿＿＿＿＿＿

指导教师：＿＿＿＿＿＿＿

20　—　20　　学年　　第　　学期

信息与控制工程学院实验报告

实验时间：＿＿＿＿＿ 年 ＿＿＿ 月 ＿＿＿ 日

实验项目名称	
一、实验目的和要求	
二、主要仪器设备	
三、实验过程、实验数据记录及分析	

信息与控制工程学院实验报告

信息与控制工程学院实验报告

四、实验体会、收获及建议

成　　绩		批改日期	

附录3 单片机原理与应用设计型实验、课程设计报告模板

单 片 机 课 程 设 计 说 明 书

题　　目：_____

系　　部：_____

专　　业：_____

班　　级：_____

学生姓名：_____　　学　号：_____

指导教师：_____

年　　月　　日

目　　录

　　"目录"两字的要求：三号，黑体，居中，两字之间空四格，并与正文空一行；目录自动生成，目录正文采用宋体小四号字，1.25 倍行距，取消定义文档网格。

正　　文

1　设计任务与要求（标题，用 3 号黑体，加粗，上下间距为：段前 0.5 行，段后 0.5 行，以下同）

空两格，下同

××××（小 4 号宋体，1.25 倍行距，取消定义文档网格）×××××××××××××××××××××××××××××…………

1.1　××××××（作为 2 级标题，用 4 号黑体，加粗）

×××××××××（小 4 号宋体，1.25 倍行距，取消定义文档网格）×××××××××××××××××××××××××…………

1.1.1　××××（作为 3 级标题，用小 4 号黑体，不加粗）

×××××××××（小 4 号宋体，1.25 倍行距，取消定义文档网格）×××××××××××××××××××××××…………

2　×××××××（标题，用 3 号黑体，加粗，并留出上下间距为：段前 0.5 行，段后 0.5 行）

×××××××××（小 4 号宋体，1.25 倍行距，取消定义文档网格）××××××××××××××××××××××××××××…………

××××××××××××××××××××……………………

参考文献（黑体四号、顶格）

参考文献要单独一页，放在正文之后。只列出作者直接阅读过或在正文中被引用过的文献资料，著者只写到第三位，余者写"等"，英文作者超过 3 人写"et al"。

常见的几种主要参考文献著录格式如下：

(1) 专(译)著：[序号]著者. 书名(译者)[M]. 出版地：出版者，出版年.

(2) 期刊：[序号]著者. 篇名[J]. 刊名，年，卷号（期号）：起-止页码.

(3) 论文集：[序号]著者. 篇名[A]编者. 说明书集名[C]. 出版地：出版者. 出版年：起-止页码.

(4) 学位说明书：[序号]著者. 题名[D]. 保存地：保存单位，授予年.

(5) 专利文献：专利所有者. 专利题名[P]. 专利国别：专利号，出版日期.

(6) 标准文献：[序号]标准代号　标准顺序号—发布年，标准名称[S].

(7) 报纸：责任者. 文献题名[N]. 报纸名，年-月-日(版次).

举例说明如下：

[1] 王传昌. 高分子化工的研究对象[J]. 天津大学学报，1997，53（3）：1-7.

[2] 李明. 物理学[M]. 北京：科学出版社，1977：58-62.

[3] GEDYE R，SMITH F，WESTAWAY K，et al.Use of Microwave Ovens for Rapid Orbanic Synthesis.Tetrahedron Lett，1986，27：279.

[4] 王健. 建筑物防火系统可靠性分析[D]. 天津：天津大学，1997.

[5] 姚光起. 一种痒化锆材料的制备方法[P]. 中国专利：891056088，1980-07-03.

[6] GB3100-3102　0001—1994，中华人民共和国国家标准[S].

说明： 序号用中括号，与文字之间空两格。如果需要两行的，第二行文字要位于序号的后边，与第一行文字对齐。中文的参考文献用小四号宋体，外文的参考文献用小四号 Times New Roman 字体，1.25 倍行距，取消定义文档网格。参考文献要求 5 篇以上。）

单片机课程设计成绩评定表

专业班级：　　　　　**姓名：**　　　　　**学号：**

设计项目	内　容	得分	备注
平时 表现	工作态度、遵守纪律、独立完成设计任务		5分
	独立查阅文献、收集资料、制定课程设计方案和日程安排		5分
设计 报告	电路设计 、程序设计		10分
	测试方案及条件、测试结果完整性、测试结果分析		10分
	摘要、设计报告正文的结构、图表规范性		10分
仿真与 实物制作	按照设计任务要求的功能仿真		10分
	按照设计任务要求的实物制作		10分
	按照设计任务要求的实物功能		10分
	设计任务工作量、难度		10分
	设计创新点		5分
综合答辩	答辩内容包括承担任务、工作流程、主要功能、调试中出现的问题及解决办法等		15分
综合成绩			
指导教师 评审意见	指导老师签名： 　　　　　　　　　　　　　年　月　日		

附录 4　单片机原理与应用工程应用型实验报告参考模板

课程设计报告要求有完整的格式，包括封面、目录、正文等，具体要求如下。

1. 封面

封面包括：课程设计题目、姓名、学号、班级、指导教师、完成日期。

2. 目录

正文前必须要有目录。

3. 正文

正文包括的内容如下：

(1) 设计任务与要求；

(2) 设计方案(包括设计思路、使用到哪些芯片、各个芯片的作用)；

(3) 硬件电路设计(包括各主要模块与单片机接口电路设计和说明)；

(4) 主要参数计算与分析；

(5) 软件设计(包括主要模块流程图、源程序清单与注释)；

(6) 调试过程(包括实验过程中的硬件连线、调试步骤、出现的问题、解决的方法、使用的实验数据等)；

(7) 心得体会(在整个课程设计过程中的收获、体会和建议)；

(8) 参考文献。

4. 附录

附录内容包括课程设计硬件设计原理图、程序源代码清单并在关键代码语句添加注释。

5. 排版打印格式

课程设计打印版面上空 2.5 cm，下空 2.5 cm，左空 3 cm，右空 2.5 cm(左装订)，固定行距，24 磅。页眉和页脚用宋体，5 号字居中标明，页眉、页脚各 1.5 cm，自正文标注页码，居中。新章节内容部分另起一页。

6. 工程应用型参考模板

课程设计参考模板如下。

工程应用型实验说明书

题　　　目：_____

学　　　院：_____

专　　　业：_____

班　　　级：_____

学生姓名：_____　学　　号：_____

指导教师：_____

年　　　月　　　日

目　　录

　　"目录"两字要求：三号，黑体，居中，目录两字空四格并与正文空一行；目录自动生成，目录正文采用宋体小四号字，1.25 倍行距，取消定义文档网格。

正　文

1　设计任务与要求（标题，用 3 号黑体，加粗，上下间距为：段前 0.5 行，段后 0.5 行，以下同）

空两格，下同

　　××××××××（小 4 号宋体，1.25 倍行距，取消定义文档网格）×××××××××××××××××××××××××××××……

1. 1　×××××（作为 2 级标题，用 4 号黑体，加粗）

　　××××××××（小 4 号宋体，1.25 倍行距，取消定义文档网格）××××××××××××××××××××××××××××××……

1.1.1　××××（作为 3 级标题，用小 4 号黑体，不加粗）

　　××××××××（小 4 号宋体，1.25 倍行距，取消定义文档网格）××××××××××××××××××××××××××……

2　×××××××（标题，用 3 号黑体，加粗，上下间距为：段前 0.5 行，段后 0.5 行）

　　××××××××（小 4 号宋体，1.25 倍行距，取消定义文档网格）×××××××××××××××××××××××××××××××××××××……

　　×××××××××××××××××××××××……

　　……

指导教师评语：

成绩：

指导教师签字：

年　　月　　日

附录 5　单片机原理与应用实验参考考核与评价标准

1. 概述

　　单片机原理与应用课程是一门电类专业理论与实践紧密结合的主修课程，根据专业认证的最新标准，实验、实践教学环节所占比例较之前有所提高，实验教学的考核标准就需要做出相对应改进。以 OBE 导向为基准，注重实验教学成果，从实验教学环节中激发学生学习兴趣，发挥学生的主观能动性，更深入地理解理论知识，从而培养学生分析能力以及解决问题的能力，培养学生的创新能力，最终使学生实践能力达到实验教学成果目标，支撑本科专业认证毕业要求，达到本专业本科毕业生 OBE 导向输出的基本要求。

2. 基于 OBE 导向的单片机原理与应用实验教学考核目标

　　单片机原理与应用课程是电气自动化、测控技术与仪器、电子信息工程、计算机科学与技术、电子科学与技术等专业的主修专业课程，是继 C 语言、电路、模拟电子技术和数字电子技术等专业基础课之后开设的主修专业课程。该实验课程理论教学与实践教学相结合，利用以单片机为核心控制器，通过编程来控制执行机构达到预期实验结果。单片机实验课程由认知型实验、验证型实验、设计型实验、工程应用型实验、创新型实验组成。其实践教学内容主要包括：系统硬件电路图设计、系统软件设计、PCB 设计与元器件焊接、系统仿真与综合调试、实验报告撰写与答辩。

　　基于 OBE 导向的单片机原理与应用实验教学目标是使学生在掌握理论知识的同时增加动手实践能力，具体要求如下：

　　(1) 运用文献及所学基本理论知识分析单片机控制系统的工程问题，提高解决相关问题的能力。

　　(2) 根据实验题目要求，完成实验相关内容，将实验内容和现象完整地记录下来，填写实验报告，并能加以总结。

(3) 加强对单片机基本原理的理解和掌握，熟练使用实验设备与测试仪器，制定实验的技术路线和设计方案，对基本原理加以验证，并加强对实验现象的分析，提高实践能力。

(4) 熟练掌握相关开发软件，并能通过各种途径获取相关知识，了解和掌握实验中需要的各种相关知识。

(5) 注重学生独立思考的同时，注重团队合作精神的培养。一方面要求学生自己独立完成实验，另一方面对于复杂性实验可以通过小组成员之间的密切配合最终完成。

3. 单片机原理与应用实验教学考核标准制定

单片机课程作为主修专业课程，其考核标准的设计和制定直接关系到学生的学习效果和教师授课效果。制定一套完整而全面的实验教学考核评价标准，不仅可以让教师在上课期间能明确掌握课程目标的设计目的，更好地安排侧重点的讲授，而且还让学生明确知道学习这门课程所需达到的考核标准。

传统的单片机实验课大都是学生按部就班地根据实验指导书内容(实验指导书提供硬件接线图与参考例程)按实验步骤操作，照搬实验指导书给出的实验例程，编译、连接下载，记录实验现象，撰写实验报告。在整个实验过程中，学生并没有独立思考去分析解决问题，团队之间的分工协作能力也没有得到体现。

针对传统实验教学环节存在的不足，建议单片机实验课程考核分为：实验内容课前预习考核、实验过程中操作考核、实验报告考核、实验内容答辩等。多维度考核可体现本课程对毕业指标点的支撑。每个环节都需要有对应的评判标准，落实到评分细则，才能系统地体现考核权重与实验内容的侧重点对应关系。

实验预习考核、实验操作技能考核、实验报告撰写和综合答辩等评价指标如表 F5-1 所示。

表 F5-1 单片机原理与应用实验教学考核标准

考核环节	考 核 内 容	得分	评分点
预习	预习完成情况		5 分
	实验内容理解		5 分
	方案设计合理性		5 分
	预习问题思考		5 分
实验操作技能	硬件电路设计、程序设计		10 分
	设备仪器使用熟练程度		5 分
	实验步骤安排		10 分
	实验现象分析及故障诊断、排查		15 分
	测试方案及条件、测试结果完整性、测试结		10 分
实验报告	实验报告格式		5 分
	实验报告完整性		5 分
	实验现象与结果分析		5 分
	实验总结		5 分
	设计创新点		5 分
综合答辩	答辩内容包括承担任务、工作流程、主要功		5 分
综合成绩			
指导教师 评审意见	指导老师签名： 年　　月　　日		

说明：实验教学成绩公式如下：

单片机实验成绩 = 预习报告成绩 × 20% + 操作成绩 × 50% + 报告成绩 × 25% + 综合答辩 × 5%。

附录6 单片机原理与应用实验系统简介

一、概述

江苏启东计算机有限责任公司研制的 LH-M20 实验系统，它是基于 Keil C51 单片机系列而开发的。该实验系统从单片机实验教学的特点出发，实验电路采用一体化设计方式，既兼顾演示验证性实验，又考虑到综合设计和创新研究性实验的需要。它是一款灵活性极强的新型单片机实验教学平台，适合各层次学生进行单片机原理和应用方面的实验和创新。LH-M20 实验系统如图 F6-1 所示。

图 F6-1 LH-M20 实验系统

二、实验装置详细功能模块描述

1. 单片机系统描述

(1) 标准配置是在系统可编程 Keil C51 单片机仿真系统，并带下载式单片机 STC89C51；

(2) 单片机本身的全部输入和输出端口由排针和自锁紧插孔引出；

(3) 8 路译码输出；

(4) 32K 单片机外部扩展 RAM；

(5) 单片机外部扩展总线包括 8 位数据总线、地址总线、读写信号和时钟等，控制线全部由排针和自锁紧插孔引出；

(6) 单片机仿真系统采用 USB 通信或 RS232 串行通信兼容设计的通信方式。

2. 实验模块描述

(1) 单路 8 位数字模拟转换接口 DAC0832 模块；

(2) 8 路 8 位模拟/数字转换接口 ADC0809 模块；

(3) 可编程并行输入/输出接口 8255 模块；

(4) 8 位并行输入/输出(74LS273 和 74LS244)扩展模块；

(5) 8279 经典键盘显示接口控制模块；

(6) 128×64 LCD 液晶模块；

(7) 16×16 点阵 LED 模块；

(8) 音乐发生器模块电路，同时配有蜂鸣器；

(9) 继电器控制模块电路；

(10) 4 相步进电机和驱动电路模块；

(11) 直流电机测速和驱动，并有单电源正反向控制电路模块；

(12) 8 路开关量输入显示模块；

(13) 8 路开关量输出显示模块；

(14) 4×4 键盘矩阵；

(15)　8 位七段数码显示器；

(16)　正负单脉冲发生器；

(17)　1 Hz～1 MHz 固定脉冲分 8 路输出；

(18)　0～5 V 模拟电压产生模块；

(19)　IC 卡读写模块；

(20)　串行实时时钟 PCF8563 电路；

(21)　串行存储器电路；

(22)　LG7290 串行键盘显示控制电路模块；

(23)　EEPROM 存储器；

(24)　串并转换和并串转换电路；

(25)　16C550 串行通信控制器模块电路；

(26)　看门狗电路 MAX708；

(27)　数字温度传感器 DS18B20 测量电路模块；

(28)　串行 8 位 A/D TLC549 模块；

(29)　串行 10 位 D/A TLC5615 模块。

3. 实验电路工作电源

实验电路工作电源：+5 V/2 A、±12 V/0.5 A，每路均带有短路保护和自动关断功能，每路带电源指示。其中+5V 电源设计有过压、过流、欠压保护功能，待电路中故障排除后，自动恢复供电。

4. 实验的连接

模块间实验线路的连接：控制信号和部分接口信号的引出采用自锁紧式涂金插孔(永不氧化，提高实验的可靠性)，一些总线信号采用排线连接，操作简便，实验导线连接稳定可靠。

参 考 文 献

[1]　张兰红. 单片机原理及应用[M]. 北京：机械工业出版社，2012.

[2]　单片机原理与应用实验指导书. 潍坊学院信息与控制工程学院自编教材.

[3]　周坚. 单片机轻松入门[M]. 北京：北京航空航天大学出版社，2004.

[4]　郭天祥. 新概念 51 单片机 C 语言教程：入门、提高、开发拓展全攻略[M]. 北京：电子工业出版社，2009.

[5]　张义和. 例说 51 单片机[M]. 北京：人民邮电出版社，2010.

[6]　张毅刚. 单片机原理及应用[M]. 北京：高等教育出版社，2010.

[7]　彭冬明，韦友春. 单片机实验教程[M]. 北京：北京理工大学出版社，2007.

[8]　王金聪，贾鹤鸣，宋文龙，黄建平. 基于 OBE 导向的单片机原理与应用实验教学考核研究[J]. 科教文汇，2018(9)：49-51.

[9]　徐爱钧. 单片机原理与应用：基于 Proteus 虚拟仿真技术[M]. 北京：机械工业出版社，2007.

[10]　邓海波，高志勇编著. 矿物加工过程检测与控制技术[M]. 北京：冶金工业出版社. 2017.

[11]　杨欣鸿，申延合，唐琳著. 中文版 AutoCAD 2017 电气设计从入门到精通[M]. 北京：中国铁道出版社，2017.

[12]　刘莲青，王连起主编，陈强，王玥玥. 电工电子技术与技能[M]. 北京：中国铁道出版社，2011.

[13]　甘信广，甘胜滕，王光炎. 建筑电气新技术[M]. 北京：中国环境科学出版社，2012.

[14]　方玉龙，吕洪善. 变频器应用技术项目教程[M]. 北京：中国铁道出版社，2013.

[15]　林日亿. 热工系统自动控制[M]. 北京：中国石油大学出版社，2014.

[16]　黄勤陆，王梅，刘伟，邹鹏. 电气控制与 PLC 技术[M]. 武汉：华中科技大学出版社，2017.

[17]　王彦忠，周巧俏，汤云岩. 电气运行技术问答[M]. 北京：中国电力出版社，2012.

[18]　董慧敏，刘勇军，姚志英. 电力电子技术[M]. 哈尔滨：哈尔滨工业大学出版社，2012.